大数据系列丛书

大数据技术基础
应用教程

周奇 张纯 主编 / **苏绚 邱新** 副主编

清华大学出版社

北京

内 容 简 介

本书介绍大数据的基础知识和相关技术,全书共 8 章,分别介绍大数据基础、大数据软件架构、大数据存储、大数据计算、大数据分析、大数据可视化、大数据安全、大数据机器学习等内容,每章均提供实验,通过练习和操作实践帮助读者巩固所学的内容。

本书可以作为高等院校计算机类专业和经济管理类专业大数据相关课程的教材,也可以作为大数据基础和应用培训班的教材,同时适合广大大数据爱好者自学使用。

图书在版编目(CIP)数据

大数据技术基础应用教程/周奇,张纯主编. —北京:清华大学出版社,2020.9(2022.8重印)
大数据系列丛书
ISBN 978-7-302-56165-1

Ⅰ.①大… Ⅱ.①周… ②张… Ⅲ.①数据处理—教材 Ⅳ.①TP274

中国版本图书馆 CIP 数据核字(2020)第 143483 号

责任编辑:郭   赛
封面设计:常雪影
责任校对:李建庄
责任印制:宋   林

出版发行:清华大学出版社
　　　　　网　　　址:http://www.tup.com.cn,http://www.wqbook.com
　　　　　地　　　址:北京清华大学学研大厦 A 座　　　　邮　　编:100084
　　　　　社 总 机:010-83470000　　　　　　　　　　邮　　购:010-62786544
　　　　　投稿与读者服务:010-62776969,c-service@tup.tsinghua.edu.cn
　　　　　质量反馈:010-62772015,zhiliang@tup.tsinghua.edu.cn
　　　　　课件下载:http://www.tup.com.cn,010-83470236
印 装 者:三河市铭诚印务有限公司
经　　　销:全国新华书店
开　　　本:185mm×260mm　　　　印　　张:13.75　　　　字　　数:313 千字
版　　　次:2020 年 11 月第 1 版　　　　　　　　印　　次:2022 年 8 月第 3 次印刷
定　　　价:46.00 元

产品编号:080292-01

编　委　会

主　任：刘文清

副主任：陈　统　李　涛　周　奇

委　员：

出 版 说 明

　　随着互联网技术的高速发展,大数据逐渐成为一股热潮,业界对大数据的讨论已经达到前所未有的高峰,大数据技术逐渐在各行各业甚至人们的日常生活中得到广泛应用。与此同时,人们也进入了云计算时代,云计算正在快速发展,相关技术热点也呈现出百花齐放的局面。截至目前,我国大数据及云计算的服务能力已得到大幅提升。大数据及云计算技术将成为我国信息化的重要形态和建设网络强国的重要支撑。

　　我国大数据及云计算产业的技术应用尚处于探索和发展阶段,且由于人才培养和培训体系的相对滞后,大批相关产业的专业人才严重短缺,这将严重制约我国大数据产业及云计算的发展。

　　为了使大数据及云计算产业的发展能够更健康、更科学,校企合作中的"产、学、研、用"越来越凸显重要,校企合作共同"研"制出的学习载体或媒介(教材),更能使学生真正学有所获、学以致用,最终直接对接产业。以"产、学、研、用"一体化的思想和模式进行大数据教材的建设,以"理实结合、技术指导书本、理论指导产品"的方式打造大数据系列丛书,可以更好地为校企合作下应用型大数据人才培养模式的改革与实践做出贡献。

　　本套丛书均由具有丰富教学和科研实践经验的教师及大数据产业的一线工程师编写,丛书包括《大数据技术基础应用教程》《数据采集技术》《数据清洗与 ETL 技术》《数据分析导论》《大数据可视化》《云计算数据中心运维管理》《数据挖掘与应用》《Hadoop 大数据开发技术》《大数据与智能学习》《大数据深度学习》等。

　　作为一套从高等教育和大数据产业的实际情况出发而编写出版的大数据校企合作教材,本套丛书可供培养应用型和技能型人才的高等学校大数据专业的学生使用,也可供高等学校其他专业的学生及科技人员使用。

编委会主任

刘文清

大数据(Big Data)正在影响着社会的方方面面,它冲击着各行各业,同时也在彻底地改变人们的工作、学习和日常生活方式。大数据无疑是当前社会的发展热点,如何借助大数据技术加快企业信息化建设的脚步,如何利用大数据进行商业模式、业务模式及经营模式的创新和变革是当下迫切需要解决的问题。

对于在校大学生而言,"大数据导论"是一门理论性很强的课程。大数据技术对学生的综合能力要求较高,但初学者还不知道如何进入大数据的殿堂。因此,本书可以帮助读者打开大数据领域的大门,帮助初学者了解大数据的基本概念和基础技术,使读者可以在掌握大数据各项技术的基础上对大数据有全面和宏观的认识。全书共分为 8 章,每章的内容简介如下。

第 1 章:帮助读者认识和了解大数据的发展历程、大数据的基本概念及特征、大数据的关键技术、大数据与云计算的关系以及大数据目前的热门应用。

第 2 章:介绍大数据的常用软件架构,如 Hadoop 架构、Spark 架构、实时流处理架构,并在此基础上介绍如何进行架构的选择。

第 3 章:介绍大数据的存储方式和存储技术,并就大数据存储的可靠性展开分析。

第 4 章:详细介绍大数据计算涉及的技术和内容。

第 5 章:介绍大数据预测分析、应用以及平台和工具。

第 6 章:介绍大数据可视化的概念、技术和应用。

第 7 章:介绍大数据安全和云安全。

第 8 章:引入新知识,介绍机器学习的类型、大数据机器学习算法和应用。

本书是为高等院校计算机类专业、经济管理类专业开设大数据相关课程而编写的教材,本书也可作为有一定实践经验的 IT 应用人员、管理人员的参考资料或继续教育的培训教材。

由于编者水平有限,书中的不妥或疏漏之处在所难免,希望广大读者批评指正。同时,若读者发现疏漏,恳请您于百忙之中及时与编者和出版社联系,以便尽快更正,编者将不胜感激。

编　者

2020 年 8 月

目 录

第 1 章

大数据基础

> **学习目标**
> - 了解大数据的应用领域。
> - 了解大数据与云计算的关系。
> - 掌握大数据的定义和特征。
> - 掌握大数据的主要内容及关键技术。

大数据是继云计算、物联网、移动互联网之后信息技术产业领域的又一热点。大数据让人们能够以一种新的数据处理模式对结构化、半结构化以及非结构化的海量数据进行分析，从而获得更强的决策力和洞察力。

1.1 什么是大数据

1.1.1 大数据的发展历程

大数据是信息技术发展到一定阶段的必然产物。以下是大数据发展过程中一些具有里程碑意义的事件。

2008 年 9 月，国际顶级期刊《自然》（*Nature*）推出了"大数据"（*Big Data*）专刊，并邀请研究人员和企业家预测大数据所带来的革新。同年，计算社区联盟（Computing Community Consortium）发表了白皮书《大数据计算：在商务、科学和社会领域创造革命性突破》（*Big-data Computing*：*Creating revolutionary breakthroughs in commerce*，*science*，*and society*），阐述了在数据驱动的研究背景下解决大数据问题所需的技术以及在商业、科研和社会领域所面临的一些挑战。

2012 年 1 月，瑞士达沃斯召开的世界经济论坛特别针对大数据发布了题为《大数据，大影响：国际发展新的可能性》（*Big Data*，*Big Impact*：*New possibilities for international development*）的报告，该报告重点关注了个人产生的移动数据与其他数据的融合与利用，以及在新的数据生产方式下，如何更好地利用数据产生良好的社会效益。

2017 年,大数据已成为热门话题,并在诸多领域中得到广泛的应用。实力雄厚的 IT 企业及互联网巨头通过对大数据的存储、挖掘分析、大数据治理等方面进入大数据领域掘金。为更好地对国内大数据企业的竞争力及创新能力进行分析,并对大数据企业的综合竞争力和创新能力进行评价,2019 年,中国首席数据官联盟在京发布了《中国大数据企业排行榜》V6.0,本次排名对交通、医疗、电商、汽车、工业 4.0、金融、电信、VR、智能硬件、人工智能这 10 个大类、64 个细分领域进行了全面的更新。

1.1.2　大数据的定义

大数据(Big Data)是一个包含多种技术的概念,在狭义上可以定义为利用现有的一般技术难以管理的大量数据的集合。对大量数据进行分析并从中获得有用观点,这种做法过去在一部分研究机构和大企业中就已经存在了。现在的大数据和过去相比主要有三点区别:第一,随着社交媒体和传感器网络等的发展,在人们身边正产生出大量且多样的数据;第二,随着硬件和软件技术的发展,数据的存储和处理成本大幅下降;第三,随着云计算的兴起,大数据的存储和处理环境已经没有必要自行搭建。

所谓"利用现有的一般技术难以管理的数据"是指利用目前在企业数据库中占据主流地位的关系数据库无法进行管理且具有复杂结构的数据,也是指由于数据量的增大而导致对数据的查询(Query)响应时间超出允许范围的庞大数据。

IT 研究与顾问咨询公司高德纳(Gartner)对大数据给出了这样的定义:大数据是需要新处理模式才能具有更强的决策力、洞察发现力和流程优化能力的海量、高增长率和多样化的信息资产。

世界级管理咨询公司麦肯锡对大数据是这样定义的:大数据指的是所涉及的数据集规模已经超过了传统数据库软件获取、存储、管理和分析的能力。这是一个主观的定义,并且是一个关于"多大的数据集才能被认为是大数据"的可变定义,即并不定义大于某一个特定数字的数据集才叫大数据。随着技术的不断发展,符合大数据标准的数据集容量也在增长,定义随行业的不同也有变化,这与一个特定行业通常使用何种软件和数据集的大小有关。

随着大数据的出现,数据仓库、数据安全、数据分析、数据挖掘等围绕大数据商业价值的利用正在逐渐成为行业人士争相追捧的利润焦点,在全球引领着又一轮数据技术革新的浪潮。

1.2　大数据的特征

IBM 公司提出大数据有 5 个特征,即 Volume(数量)、Variety(种类)、Velocity(速度)、Value(价值)、Veracity(真实性)五个方面,这就是所谓的 5V 特征,如图 1-1 所示。

1.2.1　Volume（数量）

第一个特征就是数量，大数据的数据量大且规模完整。数据量大指采集、存储和计算的量都非常大。大数据的起始计量单位至少是 P（1000 T）、E（100 万 T）或 Z（10 亿 T）。

现今，人们所存储、管理、使用数据的数据量正在急剧增长，例如各种环境数据、财务数据、医疗数据、监控数据等。根据 EMC 公司公布的其委托 IDC 调查的研究报告指出，预计到 2025 年，全球将总共拥有 163ZB 的数据量。

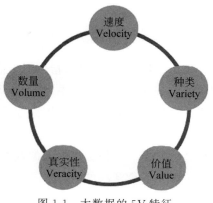

图 1-1　大数据的 5V 特征

1.2.2　Variety（种类）

第二个特征是从种类方面进行描述，主要是指数据来源的多样化，包括结构化、半结构化和非结构化数据，具体表现为网络日志、音频、视频、图片、地理位置信息等，多种类型的数据对数据的处理能力提出了更高的要求。

随着传感器、智能设备以及社交协作技术的激增，企业的数据也变得更加复杂，因为其不仅包含传统关系型数据，还包含来自网页、互联网日志文件、搜索索引、社交媒体论坛、电子邮件、文档、主动和被动系统传感器中的原始、半结构化和非结构化的数据。

其中，一些爆发式增长的数据，如互联网上的文本数据、位置信息、传感器数据、视频等利用企业中主流的关系数据库是很难存储的，它们都属于非结构化数据。

和过去不同的是，这些数据除了需要存储，还需要对它们进行分析，并从中获得有用的信息。例如监控视频中的数据，现在大至超市，小至便利店，几乎都配备了监控摄像头，其目的由最初的预防盗窃变为了使用视频数据分析顾客的购买行为。

1.2.3　Velocity（速度）

第三个特征是指速度，即数据产生和更新的频率，这也是衡量大数据的一个重要特征。数据增长速度快，处理速度快，对时效性的要求高。不要将速度的概念限定为与数据存储相关的增长速率，应动态地将此定义应用到数据，即数据流动的速度。要想有效地处理大数据，则需要在数据变化的过程中对它的数量和种类进行分析，而不只是在它静止后才进行分析。

例如，搜索引擎要求几分钟前发生的新闻事件能够被用户查询到，个性化推荐算法尽可能要求实时完成推荐。这是大数据区别于传统数据挖掘的显著特征。

再如，遍布全国的便利店的 POS 机、电商网站中由用户访问所产生的网站点击、手机中的微信 App、全国公路上安装的交通堵塞探测传感器和路面状况传感器（可检测结冰、积雪等路面状态)等,它们时刻都在产生着庞大的数据。

1.2.4　Value(价值)

第四个特征是价值性,指数据价值密度相对较低但却又弥足珍贵。应该说,大数据的数据价值隐藏在海量数据之中,往往表现出数据价值高但价值密度低的特点。如何结合业务逻辑并通过强大的机器算法挖掘数据价值是大数据时代最需要解决的问题。例如,通过机器学习、统计模型以及图算法等复杂的数据分析技术获得可以预测分析未来趋势和模式的有价值的数据。如何通过强大的机器学习等算法快速、实时地发现价值和提取价值是目前大数据领域亟待解决的难题之一。

1.2.5　Veracity(真实性)

第五个特征是真实性,数据的准确性和可信赖度影响着数据的质量。只有真实且准确的数据才能使对数据的管控和治理具有真正意义。随着社交数据、企业内容、交易与应用数据等新数据源的兴起,传统数据源的局限性已经被打破,企业越来越需要有效的信息治理以确保其真实性及安全性。

除了目前已经形成共性的5V特征之外,界内人士又提出了7V特征的概念,也就是在5V基础上增加了大数据具有处理和管理数据过程的可变性(Variability)和可视性(Visualization)。

1.3　大数据的关键技术

大数据的基本处理流程主要包括数据采集、存储管理、处理分析、结果呈现等环节。因此,从大数据分析处理的全流程角度,即从大数据的生命周期中看,大数据处理的关键技术一般包括大数据采集、大数据预处理、大数据存储及管理、大数据分析及挖掘、大数据展现和应用(大数据检索、大数据可视化、大数据应用、大数据安全等)。

1.3.1　大数据采集技术

在大数据的处理流程中,大数据采集是大数据生命周期的第一个环节,大数据的主要来源有商业类数据、传感器数据、社交网络数据、移动互联网数据,数据类型非常丰富,因此大数据采集技术是指通过射频识别(RFID)、传感器、网络爬虫等技术获得的包括各种结构化、半结构化和非结构化的海量数据的技术,它是大数据知识服务模型的根本。

从大数据智能感知角度而言,大数据采集技术主要包括数据传感体系、网络通信体系、传感适配体系、智能识别体系及软硬件资源接入系统,用来实现对结构化、半结构化、非结构化的海量数据的智能化识别、定位、跟踪、接入、传输、信号转换、监控、初步处理和管理等。

前面讲的是"技术",后面讲的是"方法",这两者之间又该如何衔接呢?

　　基于大数据的采集方法可以分为三大类,分别是基于网络数据的采集方法、基于系统日志文件的采集方法、基于数据库数据的采集方法。

1. 基于网络数据的采集方法

　　基于网络数据的采集方法是指通过网络爬虫技术或网站自己公开的应用程序编程接口(Application Programming Interface,API)等方式从网站上获取数据信息。这种方法可以把各种半结构化和非结构化数据从网页文件中分离出来,并将分离出来的数据进行线下存储,同时可以把这些半结构化、非结构化的数据转化为结构化的形式进行存储。这种方法能够支持基于网页中图像、音频、视频等数据的采集。

　　例如,通过网络爬虫进行数据采集处理的过程首先需要为网络爬虫提供被抓取数据的网站的统一资源定位器(Uniform Resource Locator,URL)信息,然后网络爬虫根据从URL队列中获取的需要抓取数据的网站网址(Site URL)信息从Internet上抓取对应网页的内容,并按设定的特征抽取分离具有特定属性的数据,最后经过特殊处理并写入数据库。

　　对于网络数据的采集,除了网站上的数据内容,还包括对于网络流量数据的监控和采集,一般采用深度包检测(Deep Packet Inspection,DPI)或深度/动态流检测(Deep/Dynamic Flow Inspection,DFI)等带宽管理技术。

2. 基于系统日志文件的采集方法

　　企业的业务平台每天都会产生大量的系统日志数据,基于系统日志文件的采集就是指收集这些大量的日志数据并提供给企业的分析平台使用,基本上都采用基于数据仓库(Extract Transform Load,ETL)的技术。很多著名的互联网企业都拥有自己的海量数据采集工具,主要用于对系统日志文件的采集,大部分都采用分布式架构技术,能够满足每秒数百MB日志数据的采集和传输的需求。其中,最有名的是Cloudera的Flume NG、Facebook的Scribe以及Hadoop的Chukwa等。高可用性、高可靠性、高可扩展性是这些平台的基本特征。

　　(1) Cloudera Flume NG

　　Cloudera Flume NG是Apache旗下的一款开源数据采集系统,主要用来完成实时日志的采集工作,并提供高效可靠的日志收集整合传输服务,依赖于Java运行环境。Flume NG抛弃了旧版本中的三层架构,只保留了其中的代理层(Agent)。一个Agent是一个单独的进程,可由一个或多个管道构成,每个管道包含数据生成模块Source、数据缓存模块Channel和数据处理模块Sink三个部分,用户可以指定各个模块的类型。

　　其中,数据生成模块Source可以作为服务端接收其他服务发来的数据,也可以作为客户端从其他服务中获取数据,还能自动生成数据。数据缓存模块Channel只提供数据的临时缓存,供Source暂存数据,当数据被数据处理模块Sink读取后即被清除,相当于一个队列的作用。数据缓存模块Channel有三种类型的缓存,即内存、文件和外部存储。数据处理模块Sink从Channel中读取数据,经过处理之后可以将数据直接写到HDFS或者HBase

等数据库系统中,也可以发给下一级的 Agent。Flume NG 内置了各种 Source、Channel 和 Sink 供用户选择使用,同时支持用户自定义自己需要的各个模块类型。

Flume NG 虽然只采用单一角色的 Agent,但是它允许用户根据自己的需要采用各种方式使用 Agent 搭建平台,如级联、聚合或者分发。

级联就是指将两个 Agent 连接,但需要级联的两个 Agent 必须满足的条件是:前者的 Sink 模块和后者的 Source 模块类型必须相同,然后将后者的 IP 信息配置到前者的 Sink 配置中即可。

聚合则是指将收集到的多个日志数据聚合到同一个地方,实际上就是把多个 Agent 合并成一个,只要把需要合并的多个 Agent 的 Sink 模块都统一指向同一个 Agent 即可,这样前者的几个 Agent 中经过处理的日志数据就会被同一个 Agent 的 Source 所接收。

Flume NG 也支持把收集到的日志数据分发到多个不同的目的地,可以选择把数据统一复制分发到不同的 Channel,再由对应的不同 Sink 写到不同的目的地,也可以把数据有针对性地分发到不同的 Channel 后再进行处理。

（2）Facebook Scribe

Scribe 是 Facebook 自己开发的在 Facebook 上应用的开源日志收集系统,它的作用是收集各种分布式的日志源上的日志数据,然后将其缓存到一个共享队列上,最终存储到中央存储系统。如果中央存储系统采用的是分布式文件系统（HDFS）,则通常和 Hadoop 配合使用,Scribe 向 HDFS 传输日志数据,而 Hadoop 则通过映射规约编程模型 MapReduce 作业进行定期处理。Scribe 采用三层架构的模式,首层是 Scribe Agent,实际上就是一个 thrift client,Scribe 在内部定义了一个 thrift 的接口,用户通过该接口可以将数据发送给 Server。中间层才是 Scribe,其在接收到 thrift client 发送过来的数据之后,可以根据配置定义将不同主题的数据发送给不同的对象。最后一层是存储系统,即 Scribe 中的 Store。

（3）Hadoop Chukwa

Hadoop 的 Chukwa 是 Apache 旗下的一个开源系统,用于监控大型分布式系统的数据收集,依赖于 Hadoop 的 HDFS 和 MapReduce,它包含一个强大灵活的工具集,可以展示、监控、分析已收集的数据。

Chukwa 的主要部件包括三个部分:一是适配器（Adapter）,它是直接采集数据的接口;二是代理（Agents）,负责采集原始数据并将数据发送给收集器（Collectors）;三是收集器,负责把数据进行合并后写入集群中,放在集群中的数据通过 MapReduce 作业实现数据分析,其内置了 demux 和 archive 两种作业类型的任务,其中,demux 负责对数据进行分配排序和去重,archive 负责合并同类型的数据文件,最后由 Hicc 负责数据展示。

3. 基于数据库数据的采集方法

大数据的数据源有很大一部分来源于企业已经存在的大型关系数据库,如 MySQL 和 Oracle 等,因此基于数据库数据的采集方法就是指从现有的结构化数据库中采集数据。使用最广泛的是 Sqoop 和结构化数据库之间的 ETL（Extract Transform Load）工具,这些工具都可以很方便地实现关系数据库和 HDFS、HBase、NoSQL 之间的数据同步和集成。

Sqoop 是一款用于关系数据库和 Hadoop 之间进行数据传递的工具,可以通过它把数据从 MySQL 或 Oracle 导入 Hadoop 支持的 HDFS 或者 Hive 等,也可以将 Hadoop 中的数据导入关系数据库。Sqoop 通过 Hadoop 的 MapReduce 作业实现导入和导出,具有良好的并行性和容错性。Sqoop2 在架构上对 Sqoop1 做了改进,采用了 C/S 架构,引入了 Sqoop Server,实现了对 Connector 的统一集中管理,完善了权限管理机制,规范化了 Connector 的功能,同时实现了多种交互方式,可以通过命令行、Rest API、Java API、Web UI 以及 CLI 控制台等方式进行访问。

以上都是开源的数据采集平台和工具,对于对保密性要求较高的数据,则可以通过特定的系统接口等方式进行数据采集。

1.3.2 大数据预处理技术

大数据预处理是指对已经采集到的原始数据进行清洗、填补、平滑、合并、规格化以及检查一致性的过程,即将半结构、非结构化数据进行结构化处理。数据预处理主要包括数据清洗、数据集成以及数据规约三大部分,主要完成对已接收数据的辨析、抽取、清洗等操作。

1. 数据清洗

数据清洗包含对数据缺失值的处理、对噪声数据的降噪处理和对不一致性数据的处理。对数据缺失值的处理就是进行数据补缺,对无法处理的数据做标记丢弃;降噪处理一般可以使用分箱、聚类、回归等方法去除噪声点,也可以采用计算机人工检查的方式降噪;对不一致数据一般采用手动更正,或者进行数据名称和格式的统一,或者对数据进行组合分割或计算。最常用的数据清洗工具是数据仓库技术。

2. 数据集成

数据集成是指将不同数据源、不同结构的数据在逻辑或物理上进行有机集中,并合并到一个结构化数据库中。数据集成过程要重点处理模式匹配、数据冗余、数据值冲突的问题。模式匹配是指模式集成和对象匹配,即如何解决将来源于多个数据源的等价实体因命名的差别而导致与多个实体名进行匹配的问题,也称实体识别,一般需要利用元数据进行区分。消除数据冗余则是针对同一数据的属性值多次重复出现的问题,解决方法一般采用皮尔逊相关系数进行相关性分析。

3. 数据归约

数据归约是指在尽量保持数据原貌的基础上对数据进行精简。通过数据归约技术可以使数据量在变小的情况下仍能保持或接近于原始数据的完整性。常用的数据归约策略有以减少维度为目标的维归约,以较小数据替换原始数据的数量归约,以及无损数据压缩等。

1.3.3 大数据存储及管理技术

大数据存储与管理是大数据生命周期的第三阶段,就是把采集到的经过预处理后的大数据存储到相应的数据库进行管理和调用的过程,它是整个大数据生命周期的基本点,没有存储技术的支撑,后续的分析和挖掘等都无法进行。

目前,大数据存储和管理针对不同的数据类型和应用采用不同的技术路线,总体而言可以分为三大类。第一类针对大规模的结构化数据,通过列存储、行存储以及粗粒度索引等技术结合大规模并行处理(Massively Parallel Processing,MPP)架构高效的分布式计算模式,以实现对 PB 级数据的存储管理;第二类是以 Hadoop 开源体系平台为代表的针对半结构化、非结构化数据的存储管理技术;第三类是采用 MPP 数据库集群与 Hadoop 集群混合模式的数据存储和管理技术。本书第 3 章详细介绍大数据的存储和管理技术,这里不再赘述。

1.3.4　大数据分析及挖掘技术

大数据分析及挖掘技术主要是指改进传统的数据挖掘和机器学习技术,在此基础上解决在大规模集群上实现高性能的以机器学习算法为核心的数据分析,为用户的实际业务提供服务和指导,从而实现数据的最终目标,重点在于如何突破用户兴趣分析、网络行为分析、情感语义分析等领域的大数据挖掘技术。

数据挖掘是指从大量不完全有噪声的模糊随机数据中析取隐含的、不为人知但又潜在有用的信息和知识的过程。数据挖掘涉及的技术方法有很多,有多种分类方法,根据挖掘方法的不同,可分为机器学习、统计、神经网络和数据库,如表 1-1 所示。

表 1-1　数据挖掘技术的分类方法

分 类 方 法	类　　　别
机器学习	归纳学习、基于范例学习、遗传算法
统计	回归分析、判别分析、聚类分析(系统聚类、动态聚类)、探索分析
神经网络	前向神经网络、自组织神经网络
数据库	多维数据分析、OLAP 方法

从挖掘任务和挖掘方法的角度,大数据分析与挖掘技术重点研究和关注的技术如下。

① 可视化分析。数据可视化无论对于普通用户还是数据分析专家都是最基本的功能,数据可视化可以让数据"自己说话",让用户直观地感受到结果。

② 数据挖掘算法。可视化是将结果直接呈现给用户,而数据挖掘则是指各种提炼数据关联、挖掘数据价值的算法。在大数据环境下,这些算法除了要处理海量的大数据,还具有很高的处理速度。

③ 预测性分析。该技术可以让分析师根据可视化分析和数据挖掘的结果做出一些前瞻性判断。

④ 语义引擎。语义引擎需要足够的人工智能技术从数据中主动提取信息。语言处理

技术包括机器翻译、情感分析、舆情分析、智能输入、问答系统等。

⑤ 数据质量和数据管理。数据质量与管理是管理的最佳实践,通过标准化流程和机器对数据进行处理可以确保获得一个预设质量的分析结果。

关于大数据分析及挖掘技术,本书后面也有专门的章节详述,这里不再赘述。

1.3.5　大数据展现和应用技术

大数据技术能够将隐藏于海量数据中的信息和知识挖掘出来,为人类的社会经济活动提供依据,从而提高各个领域的运行效率,大幅提高整个社会经济的集约化程度。在我国,大数据将重点应用于商业智能、政府决策、公共服务三大领域。例如应用于商业智能领域的大规模基因序列分析比对技术、Web 信息挖掘技术、多媒体数据并行化处理技术、影视制作渲染技术;应用于政府决策领域的智慧政府、市场监管、预防和打击犯罪技术;应用于公共服务领域的警务云服务技术(道路监控、视频监控、网络监控、智能交通、反电信诈骗、指挥调度等)、电信数据信息处理与挖掘技术、电网数据信息处理与挖掘技术、气象信息分析技术、环境监测挖掘技术、环境监测技术,还有其他行业的云计算和海量数据处理应用技术等。

1.4　大数据与云计算

通常情况下,人们容易混淆大数据与云计算的概念,其实简单地说,云计算是硬件资源的虚拟化,而大数据是海量数据的高效处理。

1.4.1　云计算定义

云计算是一种基于互联网的计算方式,通过这种方式,共享的软硬件资源可以按需求提供给计算机和其他设备,主要是基于互联网的相关服务的增加、使用和交付模式,通常涉及通过互联网提供动态、易扩展且经常是虚拟化的资源。云是网络、互联网的一种比喻。过去在图中往往用云表示电信网,后来也用云表示互联网和底层基础设施的抽象。

狭义云计算指基础设施的交付和使用模式,指通过网络以按需、易扩展的方式获得所需的资源;广义云计算指服务的交付和使用模式,指通过网络以按需、易扩展的方式获得所需的服务。这种服务可以是 IT 和软件、互联网相关,也可以是其他服务,它意味着计算能力也可作为一种商品并通过互联网进行流通。

1.4.2　云计算的特征

云计算的特征主要包括以下 4 方面。

(1) 资源配置动态化

根据消费者的需求动态地划分或释放不同的物理和虚拟资源,当增加一个需求时,可通过增加可用的资源进行匹配,实现资源的快速弹性提供,如果用户不再使用这部分资源,则可释放这些资源。云计算为用户提供的这种能力是无限的,实现了 IT 资源利用的可扩展性。

(2)需求服务自助化

云计算为客户提供自助化的资源服务,用户无须与提供商交互就可以自动得到自助的计算资源能力。同时,云系统为用户提供了一定的应用服务目录,用户可以采用自助方式选择满足自身需求的服务项目和内容。

(3)以网络为中心

云计算的组件和整体构架由网络连接在一起并存在于网络中,同时通过网络向用户提供服务。而用户可借助不同的终端设备通过标准的应用实现对网络的访问,从而使云计算的服务无处不在。

(4)资源的池化和透明化

对云服务的提供者而言,各种底层资源(计算、存储、网络、资源逻辑等)的异构性(如果存在某种异构性)一旦被屏蔽,边界就会被打破,所有资源便可以被统一管理和调度,成为所谓的"资源池",从而为用户提供按需服务;对用户而言,这些资源是透明、无限大的,用户无须了解内部结构,只关心自己的需求是否得到满足即可。

1.4.3 云计算和大数据的关系

本质上,云计算与大数据的关系是静与动的关系。云计算强调的是计算,这是动的概念;而大数据则是计算的对象,是静的概念。如果结合实际的应用,则前者强调的是计算能力,后者看重的是存储能力。

从结果分析,云计算注重资源分配,大数据注重资源处理。所以从一定程度上讲,大数据需要云计算的支撑,云计算为大数据处理提供平台。

从二者的定义范围来看,大数据要比云计算更加广泛。大数据需要新的处理模式才能具有更强的决策力、洞察发现力和流程优化能力以适应海量、高增长率和多样化的信息资产。大数据的总体架构包括三层,即数据存储、数据处理和数据分析。"类型复杂和海量"由数据存储层解决,"快速和时效性要求"由数据处理层解决,"价值"由数据分析层解决。

数据首先通过存储层存储,然后根据数据需求和目标建立相应的数据模型和数据分析指标体系,从而对数据进行分析以产生价值。而中间的时效性又通过中间数据处理层提供的强大的并行计算和分布式计算能力完成。三层相互配合,让大数据最终产生价值。

1.4.4 云计算对大数据的影响

首先,云计算为大数据提供了可以弹性扩展及相对便宜的存储空间和计算资源,使得中小企业也可以像 Amazon 一样通过云计算完成大数据分析。

目前很多情况下,大数据处理环境并不一定需要自行搭建。例如,使用 Amazon 的云计算服务 EC2(Elastic Compute Cloud)和 S3(Simple Storage Service),就可以在无须自行搭建大规模数据处理环境的前提下,以按用量付费的方式使用由计算机集群组成的计算处理环境和大规模数据存储环境。此外,在 EC2 和 S3 上还可以利用预先配置的 Hadoop 提供的 EMR(Elastic Map Reduce)服务。利用这样的云计算环境,即使是资金不太充裕的创业型公司也可以进行大数据的分析。

在美国,新的 IT 创业公司如雨后春笋般不断出现,它们通过利用 Amazon 的云计算环境对大数据进行处理,从而催生出新型的服务,如网络广告公司 Razorfish、提供预测航班起飞晚点等航班预报服务的 Flight Caster、对消费电子产品价格走势进行预测的 Decide.com 等。

其次,云计算 IT 资源庞大,分布较为广泛,是异构系统较多的企业及时、准确处理数据的有效方式,甚至是唯一方式。当然,大数据要想走向云计算,还有赖于数据通信带宽的提高和云资源的建设,需要确保原始数据能迁移到云环境,资源池可以随需求弹性扩展。数据分析集的逐步扩大使企业级数据仓库成为主流,未来还将逐步纳入行业数据、政府公开数据等多来源数据。

1.5 大数据的应用

目前,大数据应用领域总体而言可以分为两个方向,一个是以营利为目标的商业大数据应用;另一个是不以营利为目的,侧重于为社会公众提供服务的大数据应用。大数据应用领域不断丰富,逐步从互联网、电信、金融行业向医疗、交通和政府领域深入发展。

1.5.1 电商行业

电商行业是最早利用大数据进行精准营销的行业,它根据用户的消费习惯提前准备生产资料、物流管理等,有利于精细社会大生产。由于电商的数据较为集中、数据量足够大、数据种类较多,因此未来电商数据应用将会有更多的想象空间,包括预测流行趋势、消费趋势、地域消费特点、客户消费习惯、各种消费行为的相关度、消费热点、影响消费的重要因素等。

最典型的应用实例包括淘宝、天猫、京东等,它们以自身拥有的海量用户信息、行为、位置等数据为基础提供个性化广告推荐、精准化营销、经营分析报告等。

1.5.2 金融行业

大数据在金融行业的应用范围是比较广泛的,更多地应用于交易,现在很多股权的交易都是利用大数据算法进行的,这些算法现在越来越多地参考社交媒体和新闻网站以决定在未来几秒内是买进还是卖出。

阿里巴巴金融是互联网金融领域的一个典型的大数据应用案例,它通过掌握的企业交易数据,借助大数据技术自动分析判定是否给予企业贷款,全程没有人工干预。阿里巴巴金融主要有两种模式:即阿里小贷和淘宝小贷,针对不同的客户类型采取不同的贷款方式。

1.5.3　医疗行业

在医疗机构中,无论是病理报告、治愈方案还是药物报告,都有庞大的数据量。例如面对众多病毒、肿瘤细胞不断进化的过程,诊断时对疾病的确诊和治疗方案的确定非常困难,可以借助大数据平台收集不同病例和治疗方案以及病人的基本特征,以建立针对疾病特点的数据库。

临床决策支持系统是大数据在医疗行业的最典型应用,它可以提高工作效率和诊疗质量。目前的临床决策支持系统分析医生输入的条目,比较其与医学指引不同的地方,从而提醒医生避免潜在的错误,如药物不良反应等。通过部署这些系统,医疗服务提供方可以降低医疗事故率,尤其是那些因临床错误引起的医疗事故。有数据统计,在美国 Metropolitan 儿科重症病房的研究中,两个月内,临床决策支持系统就削减了 40% 的药品不良反应事件。

大数据分析技术将使临床决策支持系统更加智能,这得益于对非结构化数据分析能力的日益加强。例如,可以使用图像分析和识别技术,识别医疗影像数据,或者挖掘医疗文献数据以建立医疗专家数据库,从而给医生提供诊疗建议。此外,临床决策支持系统还可以使医生从耗时过长的简单咨询工作中解脱出来,从而提高治疗效率。

1.5.4　农牧渔行业

大数据也能应用到农牧渔领域,帮助降低菜贱伤农的概率,精准预测天气变化,帮助农民做好自然灾害的预防工作,也能够提高单位种植面积的产出;牧农可以根据大数据安排放牧范围,有效利用农场,减少动物流失;渔民可以利用大数据安排休渔期、定位捕鱼等,同时能减少人员损伤。

目前,国内农业大数据应用分为以下 6 种类型。

① 重塑产业生态圈。代表性公司有大北农,它利用大数据再造养殖生态产业链。

② 打造"新农人"运营服务平台。代表性案例有智慧农业,它通过集聚分析"新农人"的生产经营数据,提高了专业合作社的运营效率。

③ 汇聚产业链大数据,降低交易成本,形成品牌溢价。代表性公司有新希望,它搭建养殖服务云平台,监控养殖全程,实现可追溯,汇聚产业链真实数据,提高消费者对厂家的信任度,从而形成品牌溢价。

④ 转型种植服务商,提高生产效率及产品品质。代表性公司有芭田股份,它集聚种植大数据,已成为全面解决种植问题的服务提供商。

⑤ 升级农产品流通模式,提升农产品交易效率。代表性公司有一亩田,它积累了大量的交易数据,并提供价格指导等多项服务。

⑥ 为企事业提供农业大数据分析服务。代表性公司有龙信思源,它以大数据分析挖掘技术为核心竞争力,帮助企事业单位实现高效管理,提升服务质量,推动行业发展。

1.5.5 生物技术

基因技术是人类未来战胜疾病的重要武器,科学家可以借助大数据技术的应用加快对人类基因和其他动物基因的研究过程。未来,生物基因技术不但能够改良农作物,还能培养人类器官和消灭害虫等。

在生物医药领域,各种仪器平台的数字化、众多数码传感器都在时刻产生着大量数据。在生物信息行业,随着测序技术的发展以及计算机计算能力的提高,全基因组的测序价格由十年前的上亿美元降至今天的数千美元,使得更多人和物种的 DNA 信息的获取成为可能。

坐落在英国的欧洲生物信息研究中心(EBI)是欧洲分子生物学实验室的一部分,同时也是世界上最大的生物信息数据中心,目前保存有 20PB 的数据,包括基因组信息、蛋白质信息、小分子数据等。在 EBI 中,基因组信息数据约有 2PB,并且以每年 2PB 的数据量增长。据文献数据显示,著名的蛋白质结构数据库 PDB 数据库包含近 10 万条生物大分子的数据信息,而每条信息的数据量都达到了 GB 级别,随着技术的进步,每年也将增加大量的新数据。

1.5.6 智慧城市

大数据还被应用于改善人们日常生活的城市,例如基于城市实时交通信息、利用社交网络和天气数据优化最新的交通情况。目前,很多大城市都在进行大数据的分析和试点工作。在城市交通领域中,可以针对道路定点检测浮动车辆数据、车辆牌照数据、公交 IC 卡数据和公交运行管理系统数据以及移动通信数据等,利用大数据技术分析和处理这些数据可以对城市的交通规划和管理做出科学化的决策。

目前,很多城市都在研究和建设智慧城市,而智能交通则是其中一个很重要的应用,智能交通可以解决城市交通问题,利用大数据技术改进智能交通系统,从而解决目前大城市普遍存在的交通拥堵问题。

1.5.7 电信行业

现阶段,电信运营商利用其拥有的大数据进行全面、深入、实时的分析和应用,是应对新形势下的挑战、避免沦为管道化的关键。从大数据的具体应用方向来看,当前主要集中在 4 个方向:流量经营精细化、智能客服中心建设、基于个性化服务的用户体验提升以及对外数据服务。

对外数据服务是大数据应用的高级阶段,这个阶段的电信运营商不再局限于利用大数据提升内部管理效益,而是更加注重数据资产的平台化运营。利用大数据资产优势将数据封装成服务,提供给相关行业的企业用户,为用户提供数据分析开放能力。例如,西班牙电信(Telefonica)和威瑞森(Verizon)成立了专业化数据公司,提供对外数据售卖服务。另外,如果将无线城市与物联网、电子政务等方面的信息结合起来,将为电信运营商的数据和政府的政务数据增值,对于打造开放数据平台和民生服务平台有重大意义。让数据在不同行业之间流动起来,实现体外循环将进一步释放数据的价值。当然,以简单的模式售卖数据服务时,需要注意保护用户隐私。

1.5.8　社交媒体分析

通过不同社交媒体渠道生成的内容为分析用户情感和舆情监督提供了丰富的资料。随着云计算的发展和移动应用的普及,基于移动互联的新媒体已成为大众日常信息沟通交流的主要渠道,由社交媒体产生的数据也蕴含着巨大的信息。这些人类社会活动的真实记录为研究社交网络及其上的信息传播规律提供了宝贵的基础数据,为科学研究带来了很多全新的挑战,必将极大地促进信息科学与社会科学交叉领域及其相关方向(包括模式识别、数据挖掘、人工智能、信息检索等)的革新与发展,具有重大的学科发展意义。

【案例链接】　在 2016 年的美国总统大选中,大部分时间里特朗普并不被看好,但最后的结果让全世界几乎所有民意测验机构都栽了跟头。特朗普竞选团队依靠大数据分析公司——剑桥分析(Cambridge Analytic)公司帮助特朗普赢得大选。剑桥分析公司如同实施"靶向治疗"一般,帮助特朗普的竞选团队精准定位了美国选民的喜好并推送信息,它们有针对性地为选民提供他们感兴趣的信息,分析选民情感因素,向选民发送定制广告进而对选民进行洗脑和意识操纵。它们利用情绪操控智能程序、机器人水军、"暗帖"和 A/B 对照实验抓住选民的不同个性,在美国大选中实现了舆论的大规模引导和转向。它们通过收集摇摆选民的信息,最终仅仅专注于 17 个州,将最后几周的精力都集中在密西根州和威斯康星州等几个摇摆州,最终取得了胜利。

本章小结

大数据技术是一个庞杂的知识体系,有必要建立对大数据技术体系的整体认知。本章首先介绍了大数据的定义和特征、大数据的关键技术,然后讲解了大数据与云计算的关系,最后介绍了大数据的应用领域。

通过本章的学习,读者应该对大数据有了一定的了解,能够充分理解大数据的特征,厘清大数据与云计算的关系,并且了解大数据的应用领域。

实验 1

了解大数据及其在线支持

1. 实验目的

(1)熟悉大数据技术的基本概念和主要内容。

(2)通过互联网搜索与浏览,了解网络环境中主流的数据科学专业网站,掌握通过专业网站不断获得大数据最新知识的学习方法,尝试通过专业网站的辅助与支持开展大数据技术应用实践。

2. 工具/准备工作

(1) 在开始本实验之前,请认真阅读教材的相关内容。

(2) 准备一台带有浏览器且能够联网的计算机。

3. 实验内容与步骤

(1) 请查阅相关文献资料,为大数据给出一个权威的定义。

答:_____

_____

_____

这个定义的来源是:_____

(2) 请详细描述大数据的5V特征。

答:

① Volume(数量):_____

_____

② Variety(种类):_____

_____

③ Velocity(速度):_____

_____

④ Value(价值):_____

_____

⑤ Veracity(真实性):_____

_____

(3) 网络搜索和浏览,看看哪些网站支持大数据技术或者数据科学的技术工作?

你习惯使用的网络搜索引擎是:_____

你在本次搜索中使用的关键词主要是:_____

_____

请记录:在本实验中你感觉比较重要的两个大数据或者数据科学专业网站是什么?

① 网站名称:_____

② 网站名称:_____

请分析:你认为各大数据专业网站当前的技术热点是什么(例如从培训项目中得知)?

① 名称:_____

技术热点:_____

_____

② 名称：_____

技术热点：_____

_____

③ 名称：_____

技术热点：_____

_____

4. 实验总结

_____

_____

_____

_____

5. 实验评价（教师）

_____

_____

_____

第2章

大数据软件架构

本章将介绍大数据的软件架构,重点介绍常用的 Hadoop 架构和 Spark 架构,以及三种常用的实时流处理架构,介绍不同场合中基于大数据软件框架的选择。

2.1 Hadoop 架构

Hadoop 是一个开源的、可运行于大规模集群上的分布式计算平台,主要包含分布式并行编程模型(MapReduce)和 Hadoop 分布式文件系统(Hadoop Distributed File System,HDFS)等功能,已经在业内得到广泛的应用。借助于 Hadoop,程序员可以轻松地编写分布式并行程序,并将其运行于计算机集群上,完成海量数据的存储与处理分析。

本章首先简要介绍 Hadoop 的发展情况,然后介绍 Hadoop 家族成员,接着介绍 Hadoop 2.0 生态系统的集群架构,最后介绍 Hadoop 的运行环境和 Hadoop 集群的安装与配置过程。

2.1.1 Hadoop 简介

Hadoop 是 Apache 软件基金会旗下的一个开源分布式计算平台,为用户提供了系统底层细节透明的分布式基础架构,以分布式文件系统和 MapReduce 为核心,为用户提供了一个能够对大量数据进行数据挖掘、数据分析、数据存储、数据管理与维护的可靠、高效、可伸缩的分布式基础架构。Hadoop 是基于 Java 语言开发的,具有很好的跨平台特性,并且可以部署在廉价的计算机集群中。

几乎所有主流厂商都围绕 Hadoop 提供开发工具、开源软件、商业化工具和技术服务，如谷歌、微软、思科、淘宝等都支持 Hadoop。

Apache Hadoop 版本分为两代：第一代是 Hadoop 1.0；第二代是 Hadoop 2.0。Hadoop 1.0 包含 0.20.x、0.21.x 和 0.22.x 三大版本，其中，0.20.x 最后演化成了 1.0.x，变成了稳定版，而 0.21.x 和 0.22.x 则增加了 HIDES HA 等重要的新特性；Hadoop 2.0 包含 0.23.x 和 2.x 两大版本，它们完全不同于 Hadoop 1.0，是一套全新的架构，均包含 HDFS Federation 和 YARN(Yet Another Resource Negotiator)两个组件。

2.1.2 Hadoop 家族成员

Hadoop 本身包括 Hadoop Common、HDFS 和 MapReduce(Hadoop 2.0 还包括 Hadoop YARN)。随着 Hadoop 自身不断发展和完善，产生了与 Hadoop 密切相关的数据服务类子项目(如 HBase、Hive、Pig、Catalog、Sqoop、Flume、Chukwa 等)、运行维护类子项目(如 Ambari、Oozie、Zookeeper 等)和其他相关类子项目(如 Avro、Mahout 等)。

① Hadoop Common(Hadoop 公共服务模块)是 Hadoop 体系最底层的一个模块，为 Hadoop 各子项目提供开发所需的 API。在 Hadoop 0.20 及以前的版本中，Hadoop Common 包含 HDFS、MapReduce 和其他项目公共内容，从 Hadoop 0.21 开始，HDFS 和 MapReduce 被分离为独立的子项目，其余内容为 Hadoop Common，如系统配置工具 Configuration、远程过程调用 RPC、序列化机制等。

② HDFS。HDFS(Hadoop Distributed File System，Hadoop 分布式文件系统)是一个类似于 Google GFS 的开源分布式文件系统，是 Hadoop 体系中数据存储管理的基础。HDFS 提供了一个可扩展、高可靠、高可用的大规模数据分布式存储管理系统，基于物理上分布在各个数据存储节点的本地 Linux 系统的文件系统，为上层应用程序提供在逻辑上成为整体的大规模数据存储文件系统。

③ MapReduce。MapReduce(并行计算框架)是一种计算模型，用来进行大数据量的计算。其中，Map 可以对数据集上的独立元素进行指定操作，生成"键-值对"形式的中间结果；Reduce 则对中间结果中相同"键"的所有"值"进行归约，以得到最终结果。MapReduce 的功能划分非常适合在由大量计算机组成的分布式并行环境中进行数据处理。

④ YARN。YARN(资源管理框架)是新一代 Hadoop 资源管理器，用户可以运行和管理同一个物理集群机上的多种作业，例如 MapReduce 批处理和图形处理作业。YARN 可以对集群中的各类资源进行抽象，并按照一定的策略将资源分配给应用程序或服务。

⑤ HBase。HBase(分布式列存储数据库)是一个针对结构化数据的可伸缩、高可靠、高性能、分布式和面向列的动态模式数据库。HBase 主要用于对大规模数据的随机、实时读写访问，并且 HBase 中保存的数据可以使用 MapReduce 进行处理，它可以将数据存储和并行计算完美地结合在一起。

⑥ Hive。Hive(数据仓库)是基于 Hadoop 的一个数据仓库工具,可以将结构化的数据文件映射为一张数据库表,通过类 SQL 语句快速实现简单的 MapReduce 统计,不必开发专门的 MapReduce 应用,十分适合数据仓库的统计分析。

⑦ Pig。Pig(一种强大的脚本语言)是一款基于 Hadoop 的大规模数据分析工具,它提供的类 SQL 语言称为 Pig Latin,该语言的编译器会把类 SQL 的数据分析请求转换为一系列经过优化处理的 MapReduce 运算。

⑧ Catalog。Catalog 是基于 Hadoop 的数据表和存储管理服务,提供了更好的数据存储抽象和元数据服务。

⑨ Sqoop。Sqoop(数据库同步工具)是一个用来将 Hadoop 和关系数据库中的数据相互转移的工具,可以将一个关系数据库(如 MySQL、Oracle、Postgres 等)中的数据导入 Hadoop 的 HDFS,也可以将 HDFS 中的数据导出到关系数据库。

⑩ Flume。Flume(日志收集工具)是一个分布的、可靠的、高可用的海量日志聚合系统,用于日志数据收集、处理和传输。

⑪ Chukwa。Chukwa(分布式数据采集系统)是一个开源的用于监控大型分布式系统的数据收集系统,构建在 Hadoop 的 HDFS 和 MapReduce 框架之上,继承了 Hadoop 的可伸缩性。Chukwa 还包含一个强大和灵活的工具集,用于展示、监控和分析已收集的数据。

⑫ Ambari。Ambari(部署管理工具)是一种基于 Web 的工具,支持 Apache Hadoop 集群的供应、管理和监控。Ambari 目前已支持大多数 Hadoop 组件,包括 HDFS、MapReduce、Hive、Pig、HBase、ZooKeeper、Sqoop 和 HCatalog 等,它也是 5 个顶级 Hadoop 管理工具之一。

⑬ Oozie。Oozie(作业流调度系统)是一个工作流引擎服务器,用于管理和协调运行在 Hadoop 平台上的 HDFS、MapReduce 和 Pig 任务工作流,Oozie 同时还是一个 Java Web 程序,运行在 Java Servlet 容器中。

⑭ ZooKeeper。ZooKeeper(分布式协调服务)是一个为分布式应用设计的分布、开源的协调服务,主要用来解决分布式应用中经常遇到的一些数据管理问题,以简化分布式应用协调及管理难度,提供高性能的分布式服务。

⑮ Avro。Avro(数据序列化系统)可以将数据结构或者对象转换成便于存储和传输的格式,适合大规模数据的存储与交换。Avro 提供了丰富的数据结构类型、快速可压缩的二进制数据格式、存储持久性数据的文件集、远程调用 RPC 和简单动态语言集成等功能。

⑯ Mahout。Mahout(数据挖掘库)是基于 Hadoop 的机器学习和数据挖掘的一个分布式框架。Mahout 使用 MapReduce 实现了聚类、分类、推荐引擎(协同过滤)和频繁集挖掘等广泛使用的数据挖掘方法。除了算法,Mahout 还包含数据的输入/输出工具、与其他存储系统(如数据库、MongoDB 或 Cassandra)集成等数据挖掘支持架构。

2.1.3　Hadoop 2.0 生态系统的集群架构

Hadoop 集群使用了 Master/Slave 架构模式,其集群架构主要由三部分组成:管理节点(MasterNode)、数据节点(SlaveNode)和客户端(Client)。管理节点主要负责管理集群节点,实现实体分配、负载均衡以及数据节点的失败回复,并负责管理整个集群的 Meta 信息,同时提供 Meta 信息服务;数据节点主要负责处理实际任务,如数据存储、责任无执行等,并通过心跳机制向管理节点定期汇报状态、工作进度等信息;客户端主要负责缓存集群以及 Meta 信息,避免与管理节点频繁通信,并且可以读写 API、进行批量操作等。

Hadoop 2.0 生态系统的集群架构主要以 MapReduce、HDFS 和 YARN 为核心,但总体上仍然采用 Master/Slave 结构,如图 2-1 所示。

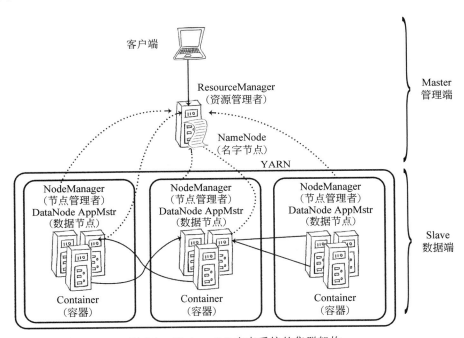

图 2-1　Hadoop 2.0 生态系统的集群架构

从图 2-1 中可以看出,在整个集群中,YARN 为独立的资源管理与分配的通用系统,主要由 ResourceManager、NodeManager 和 ApplicationMaster 以及 Container 等几个组件构成。其中,ResourceManager 是 Master/Slave 结构中的 Master,NodeManager 是 Master/Slave 结构中的 Slave,ResourceManager 负责对各个 NodeManager 上的资源进行统一管理和调度。

2.1.4　Hadoop 运行环境

要想保证 Hadoop 集群能够充分发挥作用,就需要相应的软硬件及网络的支持。

1. 硬件环境

虽然 Hadoop 的一个优势是可以运行在普通的商用服务器上,但并不意味着 Hadoop 对硬件环境没有太高要求,用户需要对自己所需处理的问题有全面了解,并根据 Hadoop 上面运行的应用程序的特性确定其硬件环境,如对于机器学习、数据挖掘等计算密集性的应用需要选用计算性能较高的商用服务器;对于索引、检索、统计、聚类等 I/O 密集型的应用则需要选用 I/O 性能较好的商用服务器等。因此,Hadoop 的硬件环境依据需求的不同,其具体的硬件环境也会有所差异。但是,无论如何都需要保证 Hadoop 运行的硬件环境满足最基本的稳定性和性能要求。

在 Hadoop 生态系统的集群架构中,各节点对于硬件环境的要求也不完全相同。对于 Master 节点而言,一旦 Master 节点出现故障,则将导致集群所提供的服务中断;对于 Slave 节点而言,其崩溃属于正常现象,并不会对集群的可用性造成太大影响;对于客户端而言,客户端节点的故障将会影响作业的批量操作。因此,对于 Master 节点硬件需求的特点是高内存的存储需求;Slave 节点既是存储,也是计算,对于硬件需求,要考虑足够的存储空间和计算能力(CPU 的速度和内存的大小);对于客户端节点的硬件需求,则要考虑其稳定性和满足应用需求。

2. 软件环境

Hadoop 不仅需要硬件环境的支撑,同样也需要软件环境的支撑。其中,Hadoop 的软件环境主要包括支撑 Hadoop 运行的操作系统、Hadoop 的运行环境和 Hadoop 节点之间的安全通信协议。

(1) 操作系统

由于 Hadoop 是在 Linux 环境下开发的,因此一般会选择 Linux 操作系统运行。任何一个支持 Java 1.6 的 Linux 操作系统都可以运行 Hadoop,如 Red Hat Enterprise Linux、CentOS、Ubuntu Server Edition、SuSE Enterprise Linux、Debian、Oracle Linux 等操作系统环境都与 Hadoop 兼容。而且从 Hadoop 2.0 生态系统开始,Hadoop 已经支持在 Windows 操作系统上运行了,并且 Horton Works 和 Microsoft 公司合作开发的 HDP 的 Hadoop 版本拥有 Windows 发布版。因此,操作系统的选择主要取决于该系统对硬件的支持能力、系统管理人员对系统的熟悉程度和对目前所使用的商业软件的支持能力等。

目前,Hadoop 系统仍大多运行在 Linux 操作系统上,并已在由 2000 个节点的 GNU/Linux 主机组成的集群系统上得到了验证。在 Windows 环境中安装的 Hadoop 是作为开发平台支持的,但由于分布式操作尚未在 Windows 平台上充分测试,所以其只是以学习和研究为目的,暂时不建议将其作为生产平台使用。

(2) 运行环境

Hadoop 系统本身是用 Java 语言编写的,但也有少量的 C/C++ 代码。因此,Hadoop 的正常运行需要 JDK(Java Development Kit)的支持。在安装 JDK 时,不建议只安装 JRE

（Java Runtime Environment），建议直接安装 JDK。因为 Hadoop 中的 MapReduce 程序的编写和 Hadoop 的编译都需要使用 JDK 中的编译工具，而 JRE 无法满足需求，并且安装 JDK 时还可以同时安装 JRE。

（3）安全通信协议

Hadoop 是一个集群的环境，当集群中的管理节点（Masternode）需要对集群中的其他节点的服务进程进行远程启动和停止时，就需要使用 SSH 协议。SSH 协议能够启动远程命令，通过 SSH 协议能够在一个中心的管理节点上远程启动集群中的其他节点的服务进程，例如名称节点（NameNode）使用 SSH 无密码登录并启动数据节点（DataNode）进程，同样，在 DataNode 上也能使用 SSH 无密码登录到 NameNode。

3. 网络环境

由于 Hadoop 中的 MapReduce 在执行作业调度时需要进行 Map 和 Reduce 两个过程，虽然在 Map 阶段进行任务调度时会尽量使任务本地化，但 Reduce 过程仍会产生大量的 I/O，因此 Hadoop 集群网络在任意节点之间的带宽需求都很高，网络拓扑结构一般采用层级很少的 Fabric 网络，以提高集群的网络性能。另外，为使 Hadoop 集群能够正常运行，建议至少使用千兆以太网进行连接，并配置大容量的网络交换机。

2.1.5 Hadoop 集群的安装与部署

Hadoop 包括单机模式、伪分布模式和分布模式 3 种安装模式。单机模式只在一台计算机上运行，存储采用本地文件系统，没有采用分布式文件系统（HDFS）。伪分布式模式的存储采用分布式文件系统（HDFS），但是 HDFS 的名称节点（NameNode）和数据节点（DataNode）都在同一台计算机上。分布式模式的存储采用分布式文件系统（HDFS），而且 HDFS 的名称节点（NameNode）和数据节点（DataNode）位于不同的计算机上，在此模式下，数据就可以分布到多个节点上，不同数据节点上的数据计算可以并行执行，这时的 MapReduce 分布式计算能力才能真正发挥作用。

下面以分布模式为实例，说明 Hadoop 的部署过程，以方便读者深入理解 Hadoop 体系架构。

1. 集群环境搭建

为降低分布式模式部署的难度，本书仅使用 2 个节点（2 台物理机器）搭建集群环境：一台机器作为 Master 节点，其局域网 IP 地址为 192.168.255.101；另一台机器作为 Slave 节点，其局域网 IP 地址为 192.168.255.102。如果是由 3 个或 3 个以上的节点构成的集群，则也采用类似的方法完成安装和部署。

2. Hadoop 集群的安装与配置

Hadoop 集群的安装与配置大致包括以下步骤。

① 在 Hadoop 官网（http://hadoop.apache.org/releases.html）下载相应版本的

Hadoop,本书采用的版本是 2.7.5,Linux 操作系统采用 CentOS 7 版本。

② 选择一台机器作为 Master 节点,并把主机名改为 Master,设定其局域网 IP 地址为 192.168.255.101。

③ 在 Master 节点上创建 hadoop 用户,然后安装 SSH 服务端和 Java 环境。

④ 在 Master 节点上安装 Hadoop 2.7.5,并完成基本配置。

⑤ 选择一台计算机作为 Slave 节点,并把主机名改为 Slave,设定其局域网 IP 地址为 192.168.255.102(若有多台 Slave 节点计算机,则最好将主机名对应地设置为"Slave+序号",每台 Slave 节点的计算机的局域网 IP 地址也不同)。

⑥ 在 Slave 节点上创建 hadoop 用户,然后安装 SSH 服务端和 Java 环境(本例仅有一个 Slave 节点,如果有多个 Slave 节点,则需要在多台对应的计算机上完成安装)。

⑦ 将 Master 节点上的/usr/local/hadoop 目录复制到其他 Slave 节点上(本例仅有一个 Slave 节点,此步骤只需要执行一次,若有多台 Slave 节点,则需要重复操作多次)。

⑧ 在 Master 节点上开启 Hadoop。

在上述这些步骤中,关于如何创建 hadoop 用户、安装 SSH 服务端、安装 Java 环境、安装 Hadoop 等过程,只需要参考相关软件的安装说明即可顺利进行,这里不再赘述。在①~⑥的操作完成以后,才可以继续进行下面的操作,进行分布式模式的部署。

3. 分布式模式的部署

(1)网络配置

假设集群所用的 2 个节点(计算机)都位于同一个局域网内,本例的 2 台计算机的 IP 地址分别是:Master 节点计算机的 IP 地址为 192.168.255.101,Slave 节点计算机的 IP 地址为 192.168.255.102。

由于集群中只有 2 台机器需要设置,所以在接下来的操作中一定要注意区分 Master 节点和 Slave 节点。因为步骤②和步骤⑤已经为 2 台机器修改了主机名,这样在终端窗口的标题和命令行中就都可以看到主机名了,从而比较容易区分当前是在对哪台机器进行操作。

① 修改 Master 节点中的/etc/hosts 文件。

执行编辑命令,打开并修改 Master 节点中的/etc/hosts 文件。

```
$sudo vim/etc/hosts
```

在 hosts 文件中增加主机名和对应局域网 IP 的映射关系,本例仅有一个 Master 主机和一个 Slave 主机。

```
192.168.252.101   Master
192.168.252.102   Slave
```

修改完成后重新启动 Master 节点上的 Linux 操作系统,即可完成 Master 节点的配置。

② 修改 Slave 节点的配置。

下面完成对其他 Slave 节点的配置修改。本例只有一个 Slave 节点，主机名为 Slave。参照上述方法修改 Slave 节点上的/etc/hosts 文件中的内容，在 hosts 文件中增加如下两条 IP 和主机名的映射关系。

```
192.168.252.101    Master
192.168.252.102    Slave
```

修改完成后重新启动 Slave 节点的 Linux 操作系统即可完成配置。

③ 测试。

在完成对 Master 和 Slave 节点的配置后，最好在各个节点上都执行 ping 命令，测试各个节点彼此是否相互 ping 得通，若 ping 不通，则无法顺利配置成功。

（2）SSH 无密码登录节点设置

为了确保让 Master 节点可以通过 SSH 无密码登录到各个 Slave 节点上，需要做如下设置。

① 生成 Master 节点的公钥。

若 Master 节点上已经存在公钥文件，则必须删除原来已存在的公钥再重新生成一次。在 Master 节点上执行如下命令。

```
$cd ~ / .ssh           #若该目录不存在,则必须先执行一次 ssh localhost
$rm . / id_rsa *        #若此前存在公钥,则需要执行命令删除它,若不存在,则可忽略此命令
$ssh-keygen -t rsa      #执行该命令后,遇到提示信息一直按 Enter 键即可
```

操作完成后，在 Master 节点上生成了两个文件：一个私钥文件和一个公钥文件。

② SSH 无密码登录本机。

为了让 Master 节点能够无密码登录本机，还需要在 Master 节点上执行如下命令。

```
$cat . / id_rsa.pub>>./authorized_keys
```

操作完成后，可以执行 ssh Master 命令进行验证，若遇到提示信息，则直接输入 yes 即可，在测试成功后执行 exit 命令即可返回原来的终端。

③ 公钥传输。

在 Master 节点上将公钥传输到 Slave 节点，操作命令如下。

```
scp ~/ .ssh/id_rsa.pub Hadoop @Slave:home/hadoop/
```

命令 scp 是 secure copy 的简写，用来在 Linux 环境下远程复制文件。执行 scp 时会要求输入 Slave 节点上的 hadoop 用户的密码，输入后会提示传输完毕。

④ 公钥加入授权。

在 Slave 节点上将 SSH 公钥加入授权的操作命令如下。

```
$mkdir ~/.ssh         #如果文件夹不存在,则需要先创建文件夹,若已存在,则忽略本条命令
$cat ~/id_rsa.pub>>~/.ssh/authorized_keys
$rm ~/id_ras.pub      #用完以后即可删除
```

本例只有一个 Slave 节点,所以步骤③和步骤④只需要执行一次即可。如果是有 2 个或 2 个以上的 Slave 节点,则需要将 Master 公钥传输到所有其他 Slave 节点(注意:需要修改传输命令中对应 Slave 节点的主机号),并给各 Slave 节点授权。

⑤ 测试。

在 Master 节点上执行以下命令。

```
$ssh Slave
```

(3)配置 PATH 变量

在 Master 节点上配置 PATH 变量,通过设置 PATH 变量,可以在执行命令时不用带上命令本身所在的路径。首先执行命令 vim ~/.bashrc,用 vim 编辑器打开~/.bashrc 文件,然后在该文件最上面的位置处加入下面一行内容。

```
export PATH=$PATH:/usr/local/hadoop/bin:/usr/local/Hadoop/sbin
```

保存后执行命令 source ~/.bashrc,使配置生效。

(4)配置集群/分布式模式

在配置集群/分布式模式时,需要修改对应主机上的/usr/local/hadoop/etc/hadoop 目录下的配置文件,这里仅设置正常启动所必需的设置项,包括 slaves、core-site.xml、hdfs-site.xml、mapred-site.xml、yarn-site.xml 共 5 个文件,更多的设置项可查看官方说明。我们先在 Master 中修改配置相关的文件,然后将其复制到所有 Slave 节点上即可。

① 在 Master 节点上修改文件 slaves。

slaves 文件记录的是集群中所有 DataNode 的主机名,需要把所有数据节点的主机名写入该文件,每行一个,默认为 localhost(即把本 Master 机也作为数据节点)。在进行分布式配置时,可以保留 localhost,让 Master 节点同时充当名称节点和数据节点,或者也可以删除localhost 这一行,让 Master 节点仅作为名称节点使用。本例让 Master 节点仅作为名称节点使用,因此将 slaves 文件中原来的 localhost 删除,只添加如下一行内容。

```
Slave
```

② 在 Master 节点上修改文件 core-site.xml。

core-site.xml 文件是全局配置文件,主要配置的是 HDFS 的地址、端口号和 hadoop.tmp.dir 的参数,其主要作用是指定名称节点的地址和在使用 Hadoop 时产生的文件的存放

目录。这里把 core-site.xml 文件的内容修改为如下内容。

```
<configuration >
    <property >
        <name >fs.default.name </name >
        <value >hdfs :// Master : 9000 </value >
    </property>
    <property >
        <name >hadoop.tmp.dir </name >
        <value >file:/usr/local/Hadoop/tmp </value >
        <description >Abase for other temporary directories. </description >
    </property >
</configuration >
```

如果没有配置 hadoop.tmp.dir 参数,则系统会默认配置一个临时目录。

③ 在 Slave 节点上修改文件 hdfs-site.xml。

hdfs-site.xml 的作用是指定 HDFS 保存数据的副本数量和 HDFS 中名称节点与数据节点的存储位置。对于 Hadoop 的分布式文件系统而言,一般都采用冗余存储,冗余因子通常为 3,也就是 1 份数据会保存 3 个副本。但本例只有一个 Slave 节点作为数据节点,即整个集群中只有一个数据节点,数据只能保存一份,所以将 dfs.replication 的值设为 1。如果仍然设置为 3 也没有问题。hdfs-site.xml 的具体内容如下。

```
<configuration >
    <property >
        <name >dfs.namenode.secondary.http-address </name >
        <value >Master : 50090 </value >
    </property>
    <property >
        <name >dfs.replicaton </name >
        <value >1 </value >
    </property>
    <property >
        <name >dfs.namenode.name.dir </name >
        <value >file:/usr/local/hadoop/tmp/dfs/name </value >
    </property >
    <property >
        <name >dfs.datanode.data.dir </name >
        <value >file:/usr/local/hadoop/tmp/dfs/data </value >
    </property >
</configuration >
```

④ 在 Master 节点上修改文件 mapred-site.xml。

在 Master 节点的/usr/local/hadoop/etc/hadoop 目录下有一个 mapred-site. xml. template 文件,需要修改其文件名称,重命名为 mapred-site.xml。

mapred-site.xml 文件的主要作用是配置使用 YARN 计算框架和历史作业的 IPC 的 IP 端口及历史作业的 Web 端访问地址,将 mapred-site.xml 文件配置成如下内容。

```
<configuration >
    <property>
        <name >mapreduce.framework.name </name >
        <value >yarn </value >
    </property>
    <property>
        <name >mareduce.jobhistory.address </name >
        <value >Master: 10020 </value >
    </property>
    <property>
        <name >mapreduce.jobhistory.webapp.address </name >
        <value >Master: 19888 </value >
    </property >
</configuration >
```

⑤ 在 Master 节点上修改文件 yarn-site.xml。

这一步是对 YARN 进行设置,主要配置 ResourceManager 地址及 yarn. application. classpath 等。YARN 由 ResourceManager 和 NodeManager 构成,其中 Master 节点充当 ResourceManager,而 Slave 节点充当 NodeManager。将 yarn-site.xml 文件配置成如下内容。

```
<configuration >
    <property>
        <name >yarn.resourcemanager.hostname </name >
        <value >Master </value >
    </property>
    <property>
        <name >yarn.nodemanager.aux-services </name >
        <value >mapreduce_shuffle </value >
    </property>
</configuration >
```

⑥ 在 Master 节点上压缩复制/usr/local/hadoop 文件夹。

配置完上述 5 个文件后,需要把 Master 节点上的/usr/local/hadoop 文件夹压缩复制到各个节点上。具体来说,需要首先在 Master 节点上执行如下命令进行压缩和传输。

```
$cd /usr/local
$sudo rm -r ./hadoop/tmp          #删除 Hadoop 临时文件
$sudo rm -r ./hadoop/logs/ *       #删除日志文件
$tar -zcf ~/hadoop.master.tar.gz ./hadoop    #先压缩,再复制
$cd ~
$scp ./hadoop.master.tar.gz Slave: /home/hadoop
```

然后在 Slave 节点上执行如下命令,进行解压缩。

```
$sudo rm -r /usr/local/hadoop                    #删除旧的(若存在)
$sudo tar -zxf ~/hadoop.master.tar.gz -C /usr/loca
$sudo chown -R Hadoop/usr/local/hadoop
```

本例仅有一个 Slave 节点,所以步骤⑥执行一次即可。但是如果还有其他 Slave 节点存在,则步骤⑥需要重复执行,必须将 hadoop.master.tar.gz 传输到所有 Slave 节点,并在各个 Slave 节点执行解压文件的操作。因此当有多个 Slave 节点存在时,在传输命令中需要特别注意 Slave 节点主机名的改变。

首次启动 Hadoop 集群时,需要先在 Master 节点上执行名称节点的格式化(只需一次),命令如下。

```
$hdfs namenode -format
```

然后即可启动 Hadoop,启动操作需要在 Master 节点上进行,即执行如下命令。

```
$start -dfs.sh
$start -yarn.sh
$mr -jobhistory -daemon.sh start historyserver
```

最后可以通过命令执行 jps 以查看各个节点(包括 Master 节点和所有 Slave 节点)所启动的进程。如果已经正确启动,则在 Master 节点执行 jps 命令时可以看到 Master 节点上有 NameNode、ResourceManager、SecondrryNode 和 JobHistoryServer 进程。如果在相应的 Slaver 节点上执行 jps 命令,则在 Slave 节点上可以看到 DataNode、NodeManager 和 JobHistoryServer 进程。缺少任一进程都表示出错。

另外,还可以在 Master 节点上通过命令"hdfs dfsadmin-report"查看数据节点是否正常启动,若屏幕信息中的 Live datanodes 不为 0,则说明集群启动成功。本例只有一个 Slave 节点充当数据节点,因此在数据节点启动成功后会显示 Live datanodes 为 1。

(5)执行分布式实例

首先在 Master 节点上创建 HDFS 上的用户目录,命令如下。

```
$hdfs dfs -mkdir -p /user/hadoop
```

然后在 HDFS 中创建一个 input 目录,并把/usr/local/hadoop/etc/hadoop 目录中的配置文件作为输入文件复制到 input 目录中,命令如下。

```
$hdfs dfs -mkdir input
$hdfs dfs -put /usr/local/hadoop/etc/hadoop/ * .xml input
```

接着就可以运行 MapReduce 作业了,命令如下。

```
$hadoop jar /usr/local/hadoop/share/hadoop/mapreduce/hadoop -mareduce -
examples - * .jar grep input output 'dfs[ a -z .]+'
```

运行时会显示 MapReduce 作业的进度,执行过程会稍慢,但若在几分钟后都未看到进度变化,则建议重启 Hadoop 再次测试。如果重启后进度仍无变化,则可能是因为内存不足,建议更改 YARN 的内存配置。

在执行过程中,也可以通过 Web 界面查看任务进度,只需要在 Linux 操作系统中打开浏览器,在地址栏中输入 http://master：8088/cluster,在 Web 界面中单击 Tracking UI 这一列的 History 链接,即可看到任务的运行信息。

最后关闭 Hadoop 集群,需要在 Master 节点执行如下命令。

```
$stop -yarn.sh
$stop -dfs.sh
$mr -jobhistory -daemon.sh stop historyserver
```

至此就顺利地完成了 Hadoop 集群的搭建。

2.2　Spark 架构

Spark 是一个通用的并行计算框架,由加州大学伯克利分校(UC Berkeley)AMP 实验室开发,是 Apache 旗下在大数据领域中最活跃的开源项目。Spark 也是基于 MapReduce 算法模式实现的分布式计算框架,拥有 Hadoop MapReduce 的优点并解决了 Hadoop MapReduce 中的诸多缺陷。

2.2.1　Spark 简介

1. Spark 的组成

Spark 主要由 5 个模块组成,具体说明如下。

(1) Spark Core

Spark Core 用来实现 SparkContext 的初始化(Driver Application 通过 SparkContext 提交)、部署模式、存储体系、任务提交与执行、计算引擎等。

(2) Spark SQL

提供 SQL 处理能力和 Hive SQL 处理能力。

(3) Spark Streaming

提供流式计算处理能力和窗口操作。

（4）GraphX

提供图计算处理能力，支持分布式，Pregel 提供的 API 可以解决图计算中的常见问题。

（5）MLlib

提供与机器学习相关的统计、分类、回归等领域的多种算法实现，其一致的 API 接口大幅降低了用户的学习成本。

Spark SQL、Spark Streaming、GraphX、MLlib 的能力都是建立在核心引擎之上的。

2. Spark 核心功能

Spark Core 提供 Spark 最基础与最核心的功能，主要包括以下几种。

（1）SparkContext

通常而言，Driver Application 的执行与输出都是通过 SparkContext 完成的，在正式提交 Application 之前，首先需要初始化 SparkContext。SparkContext 隐藏了网络通信、分布式部署、消息通信、存储能力、计算能力、缓存、测量系统、文件服务、Web 服务等内容，应用程序开发者只需要使用 SparkContext 提供的 API 完成功能开发。SparkContext 内置的 DAGScheduler 负责创建 Job，将 DAG 中的 RDD 划分到不同的 Stage，提交 Stage 等功能。内置的 TaskScheduler 负责资源的申请，任务的提交及请求集群对任务的调度等工作。

（2）存储体系

Spark 优先考虑使用各节点的内存作为存储，当内存不足时才会考虑使用磁盘，极大地减少了磁盘 I/O，提升了任务的执行效率，使得 Spark 适用于实时计算、流式计算等场景。此外，Spark 还提供了以内存为中心的高容错的分布式文件系统 Tachyon 供用户进行选择。Tachyon 能够为 Spark 提供可靠的内存级的文件共享服务。

（3）计算引擎

计算引擎由 SparkContext 中的 DAGScheduler、RDD 以及具体节点上的 Executor 负责执行的 Map 和 Reduce 任务组成。DAGScheduler 和 RDD 虽然位于 SparkContext 内部，但是在任务正式提交与执行之前，它可以将 Job 中的 RDD 组织成有向无环图（DAG），并对 Stage 进行划分，决定任务执行阶段的任务数量、迭代计算、shuffle 等过程。

（4）部署模式

由于单节点无法提供足够的存储及计算能力，所以作为大数据处理的 Spark 在 SparkContext 的 TaskScheduler 组件中提供了对 Standalone 部署模式的实现和对 YARN、Mesos 等分布式资源管理系统的支持。通过使用 Standalone、YARN、Mesos 等部署模式为 Task 分配计算资源，提高任务的并发执行效率。除了可用于实际生产环境的 Standalone、YARN、Mesos 等部署模式外，Spark 还提供了 Local 模式和 Local-cluster 模式，以便于开发和调试。

3. Spark 扩展功能

为了扩大应用范围，Spark 陆续增加了一些扩展功能，主要包括以下几种。

（1）Spark SQL

为了扩大 Spark 的应用面，Spark 增加了对 SQL 及 Hive 的支持。Spark SQL 的过程可以总结为：首先使用 SQL 语句解析器（SqlParser）将 SQL 转换为语法树（Tree），并且使用规则执行器（RuleExecutor）将一系列规则（Rule）应用到语法树，最终生成物理执行计划并执行。其中，规则包括语法分析器（Analyzer）和优化器（Optimizer）。Hive 的执行过程与 SQL 类似。

（2）Spark Streaming

SparkStreaming 用于流式计算，支持 Kafka、Flume、Twitter、MQTT、ZeroMQ、Kinesis 和简单的 TCP 套接字等多种数据输入源。输入流接收器（Receiver）负责接入数据，是接入数据流的接口规范。Dstream 是 Spark Streaming 中所有数据流的抽象，Dstream 可以被组织为 DStreamGraph。Dstream 在本质上是由一系列连续的 RDD 组成的。

（3）GraphX

GraphX 是 Spark 提供的分布式图计算框架，它主要遵循整体同步并行计算模式（Bulk Synchronous Parallell，BSP）下的 Pregel 模型实现。GraphX 提供了对图的抽象，Graph 由顶点（Vertex）、边（Edge）及继承了 Edge 的 EdgeTriplet（添加了 srcAttr 和 dstAttr，用来保存源顶点和目的顶点的属性）三种结构组成。GraphX 目前已经封装了最短路径、网页排名、连接组件、三角关系统计等算法的实现，用户可以选择使用。

（4）MLlib

MLlib 是 Spark 提供的机器学习框架。机器学习是一门涉及概率论、统计学、逼近论、凸分析、算法复杂度理论等多领域的交叉学科。MLlib 提供了基础统计、分类、回归、决策树、随机森林、朴素贝叶斯、保序回归、协同过滤、聚类、维数缩减、特征提取与转型、频繁模式挖掘、预言模型标记语言、管道等多种数理统计、概率论、数据挖掘方面的数学算法。

2.2.2 Spark 集群模式

1. Spark 集群组成

从集群部署的角度来看，Spark 集群由以下 4 部分组成。

（1）Cluster Manager

Cluster Manager 是 Spark 的集群管理器，主要负责资源的分配与管理。集群管理器分配的资源属于一级分配，它将各个 Worker 上的内存、CPU 等资源分配给应用程序，但是并不负责对 Executor 的资源分配。目前，Standalone、YARN、Mesos、EC2 等都可以作为 Spark 的集群管理器。

（2）Worker

Worker 是 Spark 的工作节点。对 Spark 应用程序来说，由集群管理器分配得到资源的 Worker 节点主要负责创建 Executor，将资源和任务进一步分配给 Executor，同步资源信息给 Cluster Manager。

（3）Executor

Executor 是执行计算任务的一个进程，主要负责任务的执行以及与 Worker、Driver App 的信息同步。

（4）Driver App

Driver App 是客户端驱动程序，也可以理解为客户端应用程序，用于将任务程序转换为 RDD 和 DAG，并与 Cluster Manager 进行通信与调度。

2. Spark 集群工作模式

Spark 集群在设计的时候并没有在资源管理的设计上对外封闭，而是充分考虑了未来可能会对接一些更强大的资源管理系统，如 YARN、Mesos 等，所以 Spark 架构设计将资源管理单独抽象成一层，通过这种抽象能够构建一种适合企业当前技术栈的插件式资源管理模块，从而为不同的计算场景提供不同的资源分配与调度策略。Spark 集群模式架构如图 2-2 所示。

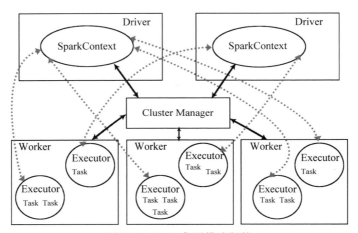

图 2-2　Spark 集群模式架构

Spark 集群中的 Cluster Manager 目前支持 Local（单机模式）、Standalone 模式、YARN 模式和 Mesos 模式。

（1）Standalone 模式

Standalone 模式是 Spark 内部默认实现的一种集群管理模式，这种模式通过集群中的 Master 统一管理资源，而与 Master 进行资源请求协商的是 Driver 内部的 StandaloneSchedulerBackend（实际上是其内部的 StandaloneAppClient 真正与 Master 通信）。

（2）YARN 模式

在 YARN 模式下，可以将资源统一交给 YARN 集群的 ResourceManager 管理，如果企业内部已经在使用 Hadoop 技术构建大数据处理平台，则选择这种模式可以更大限度地适应企业内部已有的技术栈。

（3）Mesos 模式

随着 Apache Mesos 的不断成熟，一些企业已经开始尝试使用 Mesos 构建数据中心的操作系统（DCOS），Spark 构建在 Mesos 之上，能够支持细粒度、粗粒度的资源调度策略（Mesos 的优势），也可以更好地适应企业内部已有的技术栈。

3. 接入第三方资源管理系统

第三方资源管理系统的接入设计如图 2-3 所示，Task 调度直接依赖 SchedulerBackend，SchedulerBackend 与实际资源管理模块交互实现资源请求。其中，CoarseGrainedSchedulerBackend 是 Spark 中与资源调度相关的最重要的抽象，它需要抽象出与 TaskScheduler 通信的逻辑，同时还要能与各种不同的第三方资源管理系统无缝地交互。实际上，CoarseGrainedSchedulerBackend 内部采用了一种称为 ResourceOffer 的方式处理资源请求。

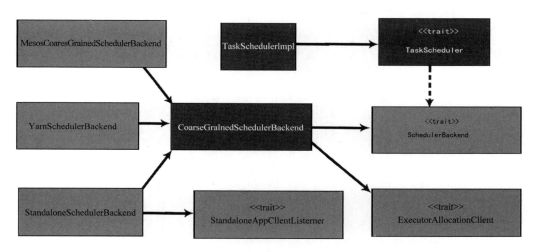

图 2-3　第三方资源管理系统接入设计图

2.2.3　Spark 核心组件

在集群处理计算任务运行时（即用户提交了 Spark 程序），最核心的顶层组件就是 Driver 和 Executor，它们内部管理着很多重要的组件以协同完成计算任务，核心组件栈如图 2-4 所示。

Driver 和 Executor 都是在运行时创建的组件，一旦用户程序运行结束，它们就都会释放资源，等待下一个用户程序提交到集群以进行后续调度。图 2-4 中列出了大多数组件，其中 SparkEnv 是一个重量级组件，它们内部包含计算过程中需要的主要组件，而且 Driver 和 Executor 共同需要的组件在 SparkEnv 中也有很多。

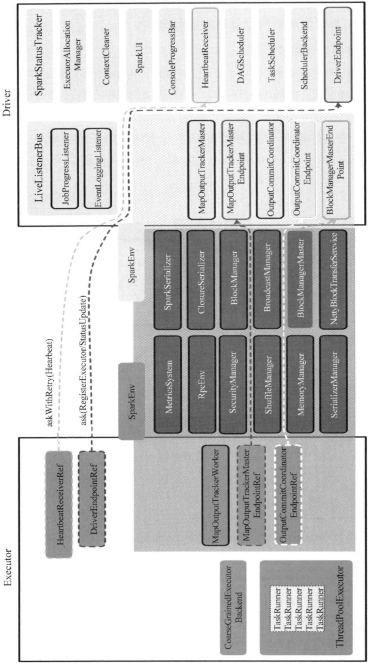

图 2-4 Spark 核心组件栈

2.2.4 Spark 运行环境

Spark 可以独立安装使用,也可以和 Hadoop 一起安装使用。本例采用和 Hadoop 一起安装使用的形式,这样可以让 Spark 直接使用 HDFS 存取数据。本例采用的配置同前面的 Hadoop 配置基本相同。

① Linux 操作系统:CentOS 7 版本。
② Hadoop:2.7.5 版本。
③ JDK:1.7 版本及以上。
④ Spark:2.3.0 版本。

2.2.5 Spark 的安装

Spark 的部署模式主要有 4 种,这里介绍 Local 模式下 Spark 的安装。

1. 下载安装文件

登录 Linux 操作系统,访问 Spark 官网(http://spark.apache.org/downloads.html),选择 2.3.0 版本。如果已经安装了 Hadoop,则需要在 Choose a package type 选项中选择 Pre-build with user-provided Hadoop [can use with most Hadoop distributions]选项。下载后需要解压缩后才能安装。

2. 配置相关文件

安装文件解压缩后,还需要修改 Spark 的配置文件 spark-env.sh。首先可以复制一份由 Spark 安装文件自带的配置文件模板,命令如下。

```
$cd /usr/local/spark
$cp ./conf/spark-env.sh.template ./conf/spark-env.sh
```

然后使用 vim 编辑器打开 spark-env.sh 文件进行编辑,在该文件的第一行添加以下配置信息。

```
export SPARK_DIST_CALSSPATH=$(/usr/local/hadoop/bin/hadoop classpath)
```

有了上面的配置信息以后,Spark 就可以把数据存储到 Hadoop 分布式文件系统中了,也可以从 HDFS 中读取数据。如果没有配置上面的信息,则 Spark 只能读写本地数据,无法读写 HDFS 中的数据。

配置完成后即可直接运行 Spark,通过运行 Spark 自带的实例可以验证 Spark 是否安装成功,命令如下。

```
$cd /usr/local/spark
$bin/run -example SparkPi
```

执行时会在屏幕上输出很多信息,为了从众多信息中快速找到最终的输出结果,可以通过 grep 命令进行过滤。

```
$bin/run -example SparkPi 2>&1 | grep "Pi si roughly"
```

2.3　实时流处理架构

2.3.1　实时计算的概念

实时计算一般都是针对海量数据进行的,一般要求为秒级。实时计算主要分为数据的实时入库和实时计算。

实时计算的主要应用场景有以下几个。

① 数据源是实时不间断的,要求用户的响应时间也是实时的。例如对于大型网站的流式数据:如网站的访问 PV/UV、用户访问了什么内容、搜索了什么内容等,实时的数据计算和分析可以动态实时地刷新用户访问数据,展示网站实时流量的变化情况,分析每天各小时内的流量和用户分布情况。

② 数据量大且无法或没必要预算,但要求对用户的响应时间必须是实时的。例如,计算网站某天来自每个省份的不同性别的用户的访问量分布,计算网站某天来自每个省份的不同性别的不同年龄与职业的用户的访问量分布。

2.3.2　实时计算的相关技术

实时计算主要分为三个阶段(大多是日志流),分别是数据实时采集阶段、数据实时计算阶段、实时查询服务阶段,如图 2-5 所示。

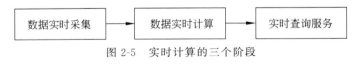

图 2-5　实时计算的三个阶段

下面针对图 2-5 所示的三个阶段进行详细介绍。

1. 数据实时采集阶段

该阶段要求在功能上保证可以完整地收集到所有日志数据,为实时应用提供实时数据;在响应时间上要保证实时性、低延迟(1s 左右);配置简单,部署容易;系统稳定可靠等。

目前常用的产品有 Facebook 的 Scribe、LinkedIn 的 Kafka、Cloudera 的 Flume、淘宝开源的 TimeTunnel、Hadoop 的 Chukwa 等,它们均可以满足每秒数百 MB 的日志数据采集和传输需求,这些都是开源项目。

2. 数据实时计算阶段

该阶段需要在流数据不断变化的运动过程中实时进行分析,以捕捉到可能对用户有用的信息,并把结果发送出去,如图 2-6 所示。

图 2-6 数据实时计算阶段

目前,实时计算的主流产品有以下 3 种。

（1）Yahoo 的 S4

S4 是一个通用的、分布式的、可扩展的、分区容错的、可插拔的流式系统,S4 系统主要用来解决搜索广告的展现、处理用户的点击反馈等问题。

（2）Twitter 的 Storm

Storm 是一个分布式的、容错的实时计算系统,用于处理消息和更新数据库（流处理）,以及在数据流上进行持续查询,并以流的形式向客户端返回结果（持续计算）,并行化一个类似实时查询的热点查询（分布式的 RPC）。

（3）Facebook 的 Puma

Facebook 使用 Puma 和 HBase 相结合的方式处理实时数据。另外,Facebook 发表了一篇利用 HBase/Hadoop 进行实时数据处理的论文（*Apache Hadoop Goes Realtime at Facebook*）,Facebook 通过一些实时性改造让批处理计算平台也具备实时计算的能力。

在国内,淘宝采用的是 Storm,其被广泛应用于实时日志处理,常出现在实时统计、实时风控、实时推荐等场景中。一般来说,读取实时日志消息后,需要经过一系列处理才能最终将处理结果写入一个分布式存储并提供给应用程序访问。淘宝每天的实时消息量从几百万到几十亿条不等,数据总量达到 TB 级。Storm 往往会配合分布式存储服务一起使用。

3. 实时查询服务阶段

该阶段根据存储方式的不同分为以下三类。

（1）半内存

使用 Redis、Memcache、MongoDB、BerkeleyDB 等内存数据库提供数据实时查询服务,并由这些系统进行持久化操作。

（2）全磁盘

使用 HBase 等以分布式文件系统为基础的 NoSQL 数据库,对于 key-value 引擎,关键是设计好 key 的分布。

（3）全内存

直接提供数据读取服务,定期 dump 到磁盘或数据库进行持久化。

2.3.3　Apache Storm

许多分布式计算系统都可以实时或接近实时地处理大数据流。本节介绍 Apache 框架中的 Storm。在 Storm 中,首先要设计一个用于实时计算的图状结构,即拓扑(Topology),如图 2-7 所示。这个拓扑将会被提交给集群,由集群中的主控节点(Master Node)分发代码,将任务分配给工作节点(Worker Node)执行。一个拓扑中包括 spout 和 bolt 两种角色,其中,spout 用来发送消息,负责将数据流以 tuple 元组的形式发送出去;而 bolt 则负责转换这些数据流,在 bolt 中可以完成计算、过滤等操作,bolt 自身也可以将数据随机发送给其他bolt。由 spout 发送的 tuple 是不可变数组,对应固定的键值对。

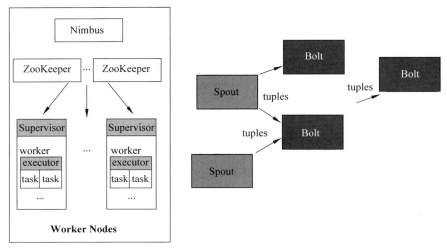

图 2-7　拓扑

在执行过程中,数据传递形式分为三大类,不同框架采用不同的方式。

① 最多一次(At-most-once):消息可能会丢失,通常是最不理想的结果。

② 最少一次(At-least-once):消息可能会再次发送(不会丢失,但是会产生冗余),在许多用例中已经足够。

③ 恰好一次(Exactly-once):每条消息都仅被发送一次(不会丢失,没有冗余)。这是最佳的情况,但很难保证在所有用例中都实现。

2.3.4　Apache Samza

Apache Samza 也是 Apache 框架中的一种,Samza 在处理数据流时会分别按次序处理每条收到的消息。Samza 的流单位既不是元组,也不是 Dstream,而是一条条消息。在Samza 中,数据流被切分开来,每个部分都由一组只读消息的有序数列构成,而这些消息每条都有一个特定的 ID(offset)。该系统还支持批处理,即逐次处理同一个数据流分区的多条消息。Samza 的执行与数据流模块都是可插拔的,尽管 Samza 的特色是依赖 Hadoop 的

YARN 和 Apache Kafka,如图 2-8 所示。

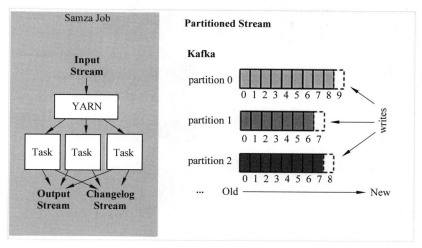

图 2-8　Apache Samza

Apache Storm 和 Apache Samza 都属于实时计算系统,也都是开源的分布式系统,具有低延迟、可扩展和容错性高等诸多优点,它们的共同特色是:允许用户在运行数据流代码时将任务分配到一系列具有容错能力的计算机上并行运行;此外,它们还都提供了简单的 API 以简化底层实现的复杂程度。

在状态管理中,对状态的存储有不同的策略,Samza 使用嵌入式键值存储;而在 Storm 中,或者将状态管理滚动至应用层面,或者使用更高层面的抽象 Trident。

2.3.5　Lambda 架构

Lambda 架构是由 Storm 的开发者 NathanMarz 提出的一个实时大数据处理框架,其目标是设计出一个能满足实时大数据系统关键特性的架构,包括高容错、低延时和可扩展等。Lambda 架构整合了离线计算和实时计算,融合了不可变性(Immunability)、读写分离和复杂性隔离等一系列架构原则,可集成 Hadoop、Kafka、Storm、Spark、HBase 等各类大数据组件。

Lambda 架构的主要思想是将大数据系统架构分为多个层次,分别为批处理层(Batch Layer)、实时处理层(Speed Layer)、服务层(Serving Layer),如图 2-9 所示。

在理想状态下,任何数据访问都可以从表达式"Query＝function(all data)"开始,但是,若数据达到相当大的级别(如 PB 级),且还需要支持实时查询时,就需要耗费非常庞大的资源。一个解决方式是使用预运算查询函数(Precomputed Query Function),这种预运算查询函数称为 Batch View,当需要执行查询时,可以从 Batch View 中读取结果,这样一个预先运算好的 View 是可以建立索引的,因此可以支持随机读取。于是系统就变成了如下形式。

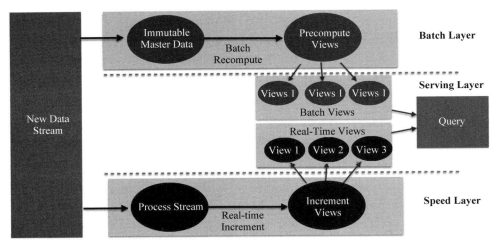

图 2-9　Lambda 的架构

```
batch view = function(all data)
query = function(batch view)
```

1. Batch Layer

在 Lambda 架构中,实现"batch view＝function(all data)"的部分称为 Batch Layer,其承担以下两个职责。

① 存储 Master Dataset,这是一个不变的、持续增长的数据集。

② 针对这个 Master Dataset 进行预运算。

直接在全体数据集上在线运行查询函数以得到结果的代价太大,而且处理查询时间过长,但如果预先在数据集上计算并保存查询函数的结果,在查询的时候就可以直接返回结果(或通过简单的加工运算即可得到结果),而无须重新进行完整费时的计算了。这里可以把 Batch Layer 看成是一个数据预处理的过程。把针对查询预运算并保存的结果称为 View。View 是 Lambda 架构的一个核心概念,它是针对查询的优化,通过 View 可以快速得到查询结果。显然,Batch View 是一个批处理过程,可以采用 Hadoop 或 Spark 支持的 Map Reduce 方式。采用这种方式计算得到的每个 View 都支持再次计算,且每次计算的结果都相同。

利用 Batch Layer 进行预运算的作用实际上就是将大数据变小,从而有效地利用资源,改善实时查询的性能。但有一个前提是:需要预先知道查询需要的数据,如此才能在 Batch Layer 中安排执行计划,并定期对数据进行批量处理。此外,还要求这些预运算的统计数据是支持合并(Merge)的。

2. Serving Layer

Batch Layer 通过对 Master Dataset 执行查询而获得了 Batch View,而 Serving Layer

要负责对 Batch View 进行操作,从而为最终的实时查询提供支撑。因此 Serving Layer 的职责包含以下两个方面。

① 对 Batch View 的随机访问。

② 更新 Batch View。

Serving Layer 是一个专用的分布式数据库,可以支持对 Batch View 的加载、随机读取以及更新。注意:Serving Layer 并不支持对 Batch View 的随机写,因为随机写会为数据库引来许多复杂性,简单的特性才能使系统变得更健壮、可预测、易配置,也易于运维。

3. Speed Layer

只要 Batch Layer 完成了对 Batch View 的预计算,Serving Layer 就会对其进行更新,这意味着在预运算时进入的数据不会马上呈现到 Batch View 中。这对于要求完全实时的数据系统而言是不能接受的。要想解决这个问题,就要利用 Speed Layer。Batch Layer 能够很好地处理离线数据,但是在很多场景数据不断产生且业务场景需要实时查询的情况下,Speed Layer 就用来处理增量实时数据。从数据处理的角度来看,Speed Layer 与 Batch Layer 非常相似,它们都可以对数据进行计算并生成 Realtime View,二者的主要区别如下。

① Speed Layer 处理的数据是最近的增量数据流,Batch Layer 处理的是全体数据集。

② Speed Layer 为了提高效率会在接收到新数据时及时更新 Realtime View,而 Batch Layer 可以根据全体离线数据直接得到 Batch View。Speed Layer 是增量计算而非重新计算(Recomputation)。

③ Speed Layer 因为采用增量计算,所以其延迟小,而 Batch Layer 是全数据集的计算,耗时比较长。

综上所述,Speed Layer 可以看成是 Batch Layer 在实时性能上的一个补充。

2.4 框架的选择

2.4.1 框架的种类

不论是系统中存在的历史数据,还是持续不断接入系统的实时数据,只要数据是可访问的,就可以对数据进行处理。按照对所处理数据的形式和得到的结果的时效性分类,数据处理框架可以分为以下三类。

1. 批处理框架

批处理框架是一种用来计算大规模数据集的方法。批处理的过程将任务分解为较小的任务,分别在集群中的每台计算机上进行计算,根据中间结果重新组合数据,然后计算和组合最终结果。当处理非常巨大的数据集时,批处理框架是最有效的。

批处理框架在大数据世界中有着悠久的历史。批处理框架主要处理大量、静态的数据,并且在等到全部处理完成后才能得到返回的结果。批处理框架中的数据集一般符合以下特征。

① 有限：数据集中的数据必须是有限的。

② 持久：批处理框架处理的数据一般存储在持久存储系统上。

③ 海量：极海量的数据通常只能使用批处理框架处理。批处理框架在设计之初就充分地考虑了数据量巨大的问题，实际上批处理框架也是为此而生的。

由于批处理框架在处理海量的持久数据方面表现出色，所以它通常被用来处理历史数据，很多 OLAP(在线分析处理)系统的底层计算框架就使用了批处理框架。但是由于海量数据的处理需要耗费很多时间，所以批处理框架一般不适用于对延时要求较高的场景。

典型的批处理框架就是此前介绍过的 Apache Hadoop。

2. 流处理框架

流处理框架会对随时进入系统的数据进行计算。流处理框架无须针对整个数据集执行操作，而是对系统传输的每个数据项执行操作。

流处理框架中的数据集是无边界的，这就产生了几个重要的影响。

① 完整数据集只能代表截至目前已经进入系统中的数据总量。

② 工作数据集也许更相关，在特定时刻只能代表某个单一数据项。

③ 处理工作是基于事件的，除非明确停止，否则没有尽头。处理结果立刻可用，并会随着新数据的到达继续更新。

流处理框架与批处理框架所处理的数据的不同之处在于：流处理框架并不对已经存在的数据集进行处理，而是对从外部系统接入的数据进行处理。流处理框架可以分为逐项处理和微批处理两种。其中，逐项处理每次处理一条数据，是真正意义上的流处理；而微批处理是把一小段时间内的数据当作一个微批次，并对这个微批次内的数据进行处理。不论是哪种处理方式，其实时性都要远远好于批处理框架。因此，流处理框架非常适用于对实时性要求较高的场景，例如日志分析、设备监控、网站实时流量变化等。由于很多情况下需要尽快看到计算结果，所以近些年流处理框架的应用越来越广泛。典型的流处理框架就是前面介绍过的 Apache Storm 和 Apache Samza。

3. 混合框架

还有一些处理框架既可以进行批处理，也可以进行流处理，即混合框架。这些框架可以使用相同或相关的 API 处理历史和实时数据。

虽然专注于一种处理方式可能非常适合特定场景，但是混合框架为数据处理提供了通用的解决方案。这种框架不仅可以提供处理数据所需的方法，而且还提供了自己的集成项、库、工具，可以胜任图形分析、机器学习、交互查询等多重任务。当前主流的混合框架主要为 Apache Spark 和 Apache Flink。

2.4.2　框架的选择

1. 初学者

由于 Apache Hadoop 在大数据领域的广泛使用,因此推荐初学者学习数据处理框架。虽然 MapReduce 因为性能原因在以后的应用会越来越少,但是 YARN 和 HDFS 依然作为其他框架的基础组件被大量使用(例如 HBase 依赖于 HDFS,YARN 可以为 Spark、Samza 等框架提供资源管理)。学习 Hadoop 可以为以后的进阶打下基础。

Apache Spark 在目前的企业应用中是当之无愧的王者。在批处理领域,虽然 Spark 与 MapReduce 的市场占有率不相上下,但 Spark 稳定上升,而 MapReduce 却稳定下降。而在流处理领域,Spark Streaming 与另一大流处理系统 Apache Storm 共同占据了大部分市场份额(很多公司会使用内部研发的数据处理框架,但它们多数并不开源)。除了可用于批处理和流处理系统,Spark 还支持交互式查询、图计算和机器学习。Spark 在未来几年内仍然会是大数据处理的主流框架,希望读者认真学习。

作为混合框架的 Apache Flink 则潜力无限,被称为下一代数据处理框架。虽然 Apache Flink 目前存在社区活跃度不高、商用案例较少等情况,不过"是金子总会发光",如果 Apache Flink 能在商业应用上有突出表现,则它很可能会挑战 Spark 的地位。

2. 企业应用

如果企业只需要批处理工作,并且对时间并不敏感,那么可以使用成本较其他解决方案更低的 Hadoop 集群。

如果企业仅进行流处理,并且对低延迟有着较高要求,则 Storm 更加适合;如果对延迟不太敏感,则可以使用 Spark Streaming;如果企业内部已经存在 Kafka 和 Hadoop 集群,并且需要多团队合作开发(下游团队会使用上游团队处理过的数据作为数据源),那么 Samza 是一个很好的选择。

如果需要同时兼顾批处理与流处理任务,那么 Spark 是一个很好的选择。混合框架的另一个好处是降低了开发人员的学习成本,从而为企业节约人力成本。Flink 提供了真正的流处理能力,并且同样具备批处理能力,但其商用案例较少,对于初次尝试数据处理的企业来说,大规模使用 Flink 存在一定风险。

本章小结

本章首先详细介绍了 Hadoop 架构、Spark 架构,然后在此基础上引入了实时计算的概念,介绍了实时计算的相关技术和三个常用的实时流处理框架,最后介绍了架构的总体分类和实际应用中的具体选择方式。

通过本章的学习,读者应该对大数据的几种流行的软件架构有一定的了解,并能熟练使用 Hadoop 和 Spark 软件。

实验 2

Spark 系统的安装与部署

1. 实验目的

（1）掌握 Spark 系统的安装方式。

（2）掌握 Spark 系统的部署方式。

2. 工具/准备工作

（1）在开始本实验之前，请认真阅读教材的相关内容。

（2）准备一台带有浏览器且能够访问互联网的计算机。

3. 实验内容与步骤

（1）访问 Spark 官网（http://spark.apache.org/downloads.html），下载 Spark 2.3.0 版本。

（2）解压缩下载文件并安装到计算机上。

（3）配置相关文件。

4. 实验总结

_____

_____

_____

_____

5. 实验评价（教师）

_____

_____

_____

大数据存储

关于大数据,最容易想到的便是其数据量之庞大,如何高效地存储和管理这些海量数据是首要问题。此外,大数据还有种类结构不一、数据源繁杂、增长速度快、存取形式和应用需求多样化等特点。本章将重点介绍大数据的存储状况、方式、技术等。

3.1 大数据存储概述

目前,关于大数据存储,说得最多的热点就是存储虚拟化。对存储虚拟化最通俗的理解就是对一个或者多个存储硬件资源进行抽象,提供统一、更有效率的全面存储服务。从用户的角度来说,存储虚拟化就像是一个存储的大池子,用户看不到也不需要看到后面的磁盘,也不必关心数据是通过哪条路径存储到硬件上的,即整个过程对用户而言是透明的。

存储虚拟化有块虚拟化(Block Virtualization)和文件虚拟化(File Virtualization)两大分类。块虚拟化是指将不同结构的物理存储抽象成统一的逻辑存储,这种抽象和隔离可以让存储系统的管理员为终端用户提供更灵活的服务。文件虚拟化则是指帮助用户在一个多节点的分布式存储环境中再也不用关心文件的具体物理存储位置。

3.1.1 传统存储系统时代

计算机的外部存储系统从 1956 年由 IBM 制造出第一块硬盘算起,发展至今已经有半个多世纪了。在这半个多世纪里,存储介质和存储系统都取得了很大的发展和进步。现在,硬盘容量可高达几个 TB,成本则很低。

目前,传统存储系统主要有三种架构,即 DAS、NAS 和 SAN。

(1) DAS(Direct Attached Storage,直连式存储)

顾名思义,DAS 是一种通过总线适配器直接将硬盘等存储介质连接到主机的存储方式,在存储设备和主机之间通常没有任何网络设备的参与。可以说 DAS 是最原始、最基本的存储架构,在个人计算机和服务器上也最为常见。DAS 的优势在于架构简单、成本低廉、读写效率高等,而其缺点则是容量有限、难以共享,容易形成“信息孤岛”。

(2) NAS(Network Attached Storage,网络存储系统)

NAS 是一种提供文件级别访问接口的网络存储系统,通常采用 NFS、SMB/CIFS 等网络文件共享协议进行文件存取。NAS 支持多客户端同时访问,为服务器提供了大容量的集中式存储,从而也方便了服务器之间的数据共享。

(3) SAN(Storage Area Network,存储区域网络)

SAN 通过光纤交换机等高速网络设备在服务器和磁盘阵列等存储设备之间搭设专门的存储网络,从而提供高性能的存储系统。

SAN 与 NAS 的基本区别在于 SAN 提供块(Block)级别的访问接口,一般不同时提供文件系统。通常情况下,服务器需要通过 SCSI 等访问协议将 SAN 存储映射为本地磁盘,在其上创建文件系统后进行使用。目前,主流的企业级 NAS 或 SAN 存储产品一般都可以提供 TB 级的存储容量,高端的存储产品甚至可以提供 PB 级的存储容量。

3.1.2 大数据时代的新挑战

相对于传统的存储系统,大数据存储一般与上层的应用系统结合得更加紧密。很多新兴的大数据存储都是专门为特定的大数据应用而设计和开发的,例如专门用来存放大量图片或者小文件的在线存储,支持实时事物的高性能存储等。因此,在不同的应用场景下,底层大数据存储的特点也不尽相同。但是,结合当前主流的大数据存储系统可以总结出如下一些基本特征。

1. 大容量及高可扩展性

大数据的主要来源包括社交网站、个人信息、科学研究数据、在线事物、系统日志以及传感和监控数据等。各种应用系统源源不断地产生着大量数据,尤其是社交类网站的兴起更是加快了数据增长的速度。大数据一般可达到 PB 级甚至 EB 级的信息量,传统的 NAS 或 SAN 存储很难达到这个级别的存储容量。因此,除了巨大的存储容量外,大数据存储还必须拥有一定的可扩展性。扩展包括纵向扩展(Scale-up)和横向扩展(Scale-out)两种方式。鉴于前者的扩展能力有限且成本较高,因此能够提供 Scale-out 能力的大数据存储已经成为主流趋势。

2. 高可用性

对于大数据应用和服务来说,数据是其价值所在。因此,存储系统的可用性至关重要。平均无故障时间(Mean Time Between Failures,MTBF)和平均修复时间(Mean Time To

Repair,MTTR)是衡量存储系统可用性的两个主要指标。传统存储系统一般采用磁盘阵列(RAID)、数据通道冗余等方式保证数据的高可用性和高可靠性。除了这些传统的技术手段外,大数据存储还会采用一些其他技术。例如,分布式存储系统大多采用简单明了的多副本以实现数据冗余;针对 RAID 导致的数据冗余率过高或者大容量磁盘的修复时间过长等问题,近年来学术界和工业界研究和采用了其他编码方式。

3. 高性能

在考量大数据存储性能时,吞吐率、延时和 IOPS(每秒读写次数,Input/Output Operations Per Second)是几个较为重要的指标。对于一些实时事务分析系统,存储的响应速度至关重要;而在其他大数据应用场景中,每秒处理的事务数则可能是最重要的影响因素。大数据存储系统的设计往往需要在大容量、高可扩展性、高可用性和高性能等特性之间做出权衡。

4. 安全性

大数据具有巨大的潜在商业价值,这也是大数据分析和数据挖掘兴起的重要原因之一。因此,数据安全对于企业来说至关重要。数据的安全性体现在存储如何保证数据完整性和持久化等方面。在云计算、云存储行业风生水起的大背景下,如何在多租户环境中保护用户隐私和保障数据安全成了大数据存储面临且亟待解决的新挑战。

5. 自管理和自修复

随着数据量的增加和数据结构的多样化,大数据存储的系统架构也变得更加复杂,管理和维护便成了一大难题。这个问题在分布式存储中尤其突出,因此能够实现自我管理、监测及自我修复将成为大数据存储系统的重要特性之一。

6. 成本

大数据存储系统的成本包括存储成本、使用成本和维护成本等。如何有效降低单位存储给企业带来的成本问题在大数据背景下显得极为重要。如果大数据存储的成本降不下来,动辄几个 TB 或者 PB 的数据量将会让很多中小型企业在大数据的浪潮中望洋兴叹。

7. 访问接口的多样化

同一份数据可能会被不同部门、用户或者应用访问、处理和分析,不同的应用系统由于业务不同,可能会采用不同的数据访问方式。因此,大数据存储系统需要提供多种接口以支持不同的应用系统。

3.2　大数据存储方式

本节介绍大数据的两种常用存储方式。

3.2.1　分布式存储

大数据导致了数据量的爆发式增长,传统的集中式存储(NAS 或 SAN)在容量和性能上都无法较好地满足大数据的需求。因此,具有优秀可扩展能力的分布式存储成了大数据存储的主流架构方式。分布式存储大多采用普通的硬件设备作为基础设施,因此,单位容量的存储成本也得到了大幅降低。另外,分布式存储在性能、维护性和容灾性等方面也具有不同程度的优势。

分布式存储系统需要解决的关键技术问题包括可扩展性、数据冗余、数据一致性、全局命名空间、缓存等。从架构上来讲,大体上可以将分布式存储分为 C/S(Client/Server)架构和 P2P(Peer to Peer)架构两种。当然,也有一些分布式存储会同时存在这两种架构方式。

分布式存储面临的另外一个共同问题就是如何组织和管理成员节点,以及如何建立数据与节点之间的映射关系。成员节点的动态增加或者离开在分布式系统中基本上是一种常态。

加州大学伯克利分校的 Eric Brewer 教授于 2000 年提出的分布式系统设计的 CAP 理论指出,一个分布式系统不可能同时保证一致性(Consistency)、可用性(Availability)和分区容忍性(Partition Tolerance)这三个要素。因此,任何一个分布式存储系统只能根据其具体的业务特征和具体需求最大化地优化其中的两个要素。当然,除了一致性、可用性和分区容忍性这三个维度,一个分布式存储系统往往会根据具体业务的不同在特性设计上有不同的取舍,例如是否需要缓存模块、是否支持通用的文件系统接口等。

3.2.2　云存储

云存储是由第三方运营商提供的在线存储系统,例如面向个人用户的在线网盘和面向企业的文件、块或对象存储系统等。云存储的运营商负责数据中心的部署、运营和维护等工作,将数据存储包装成服务的形式并提供给客户。云存储作为云计算的延伸和重要组件之一,提供了"按需分配、按量计费"的数据存储服务。因此,云存储的用户不需要搭建自己的数据中心和基础架构,也不需要关心底层存储系统的管理和维护等工作,并可以根据其业务需求动态地扩大或减小对存储容量的需求。

云存储通过运营商集中、统一地部署和管理存储系统,降低了数据存储的成本,也降低了大数据行业的准入门槛,为中小型企业进军大数据行业提供了可能性。例如,著名的在线文件存储服务提供商 Dropbox 就是基于 Amazon Web 服务(Amazon Web Services,AWS)提供的在线存储系统 S3 创立起来的。在云存储兴起之前,创办类似于 Dropbox 这样的初创公司几乎是不太可能的。

云存储背后使用的存储系统其实大多是分布式架构,而云存储因其具有更多新的应用场景,在设计上也遇到了新的问题和需求。例如,云存储在管理系统和访问接口上大多需要解决如何支持多租户的访问方式的问题,而在多租户环境下就不可避免地要解决诸如安全、性能隔离等一系列的问题。另外,云存储和云计算一样,都需要解决关于信任(Trust)的问题,即如何从技术上保证企业的业务数据在第三方存储服务提供商平台上的隐私和安全,这是一个必须解决的技术问题。

云存储将存储作为服务的形式提供给用户,其在访问接口上一般都会秉承简洁易用的特性。例如,Amazon 的 S3 存储通过标准的 HTTP、简单的 REST 接口存取数据,用户分别通过 Get、Put、Delete 等 HTTP 方法进行数据块的获取、存放和删除等操作。出于操作简便方面的考虑,Amazon S3 存储并不提供修改或者重命名等操作;同时,Amazon S3 存储也并不提供复杂的数据目录结构,仅提供非常简单的层级关系;用户可以创建一个自己的数据桶(Bucket),而所有数据则直接存储在这个 Bucket 中。另外,云存储还需要解决用户分享的问题。Amazon S3 存储中的数据直接通过唯一的 URL 进行访问和标识,因此只要其他用户经过授权,便可以通过数据的 URL 进行访问。

存储虚拟化是云存储的一个重要技术基础,是指通过抽象和封装底层存储系统的物理特性将多个互相隔离的存储系统统一为一个抽象的资源池的技术。通过存储虚拟化技术,云存储可以实现很多新的特性,例如用户数据在逻辑上的隔离、存储空间的精简配置等。

3.2.3 大数据存储的其他需求

1. 去重

数据快速增长是数据中心面临的最大挑战。显而易见,爆炸式的数据增长会消耗巨大的存储空间,迫使数据提供商购买更多的存储空间,然而却未必能赶上数据的增长速度。这里有几个相关问题值得考虑:产生的数据是否都被生产系统循环使用了? 如果不是,那么是否可以把这些数据放到廉价的存储系统中? 如何让数据备份消耗的存储空间更少? 如何让备份的时间更快? 数据备份后能保存的时间有多久(物理介质原因)? 备份后的数据能否正常取出?

数据去重可以分为基于文件级别的去重和基于数据块级别的去重。一般来讲,将数据切块(Chunk)有两种方式:定长(Fixed Size)和变长(Variable Size)。所谓定长,就是把一个接收到的数据流或者文件按照相同的大小切分,每个 Chunk 都有一个独立的"指纹"。从实现角度来讲,定长文件的切片在实现和管理起来比较简单,但是数据去重复的比率较低,这也是容易理解的,因为每个 Chunk 在文件中都有固定的偏移。但是在最坏的情况下,如果某个文件在文件一开始新增加或者减少一个字符,则将导致所有 Chunk 的"指纹"发生变化。最差的结果是备份两个仅差一个字符的文件会导致重复数据删除率等于零,这显然是不可接受的。为此,变长 Chunk 技术应运而生,它不是简单地根据文件偏移划分 Chunk,而是根据 Anchor(某个标记)对数据进行分片。由于寻找的是特殊标记而不是数据的偏移,因此变长技术能完美地解决定长 Chunk 中由于数据偏移略有变化而导致的低数据去重比例。

2. 分层存储

众所周知,性能好的存储介质往往价格也很高。如何通过组合高性能、高成本的小容量存储介质和低性能、低成本的大容量存储介质,并使其达到性能、价格、容量及功能上的最大优化是一个经典的存储难题。例如,计算机系统上通过从外部存储(如硬盘等)到内存、缓存等一系列存储介质组成的存储金字塔很好地解决了 CPU 的数据访问瓶颈问题。分层存储是存储系统领域试图解决类似问题的一种技术手段。近年来,各种新的存储介质的诞生给存储系统带来了新希望,尤其是 Flash 和 SSD(Solid State Drive)存储技术的成熟及其量化生产使其在存储产品中得到了越来越广泛的应用。然而企业存储,尤其是大数据存储全部使用 SSD 作为存储介质的成本依然是非常高昂的。

为了能够更好地发挥新的存储介质在读写性能上的优势,同时将存储的总体成本控制在可以接受的范围内,分层存储系统便应运而生。分层存储系统集 SSD 和硬盘等存储媒介于一体,通过智能监控和分析数据的访问热度,将不同热度的数据自动适时地动态迁移到不同的存储介质上。经常被访问的数据将被迁移到读写性能更好的 SSD 上存储,不常被访问的数据则会被存放在性能一般且价格低廉的硬盘矩阵上。这样,分层存储系统在保证不增加太多成本的前提下,大幅提高了存储系统的读写性能。

3.3　大数据的存储技术

大数据存储与管理是指利用存储器把采集到的数据存储起来并建立相应的数据库,以便管理和调用这些数据。由于从多渠道获得的原始数据通常缺乏一致性,因此会导致标准处理和存储技术失去可行性。随着数据不断增长而造成的单机系统性能不断下降,即使不断提升硬件配置,也难以跟上数据增长的速度。

大数据存储和管理的发展过程中出现了以下几类大数据存储和管理系统:分布式文件存储、NoSQL 数据库、NewSQL 数据库。

3.3.1　分布式文件存储

前面已经介绍过的 Hadoop 系统是以开源形式发布的一种对大规模数据进行分布式处理的技术。特别是在处理大数据时代的非结构化数据时,Hadoop 在性能和成本方面都具有优势,而且 Hadoop 通过横向扩展进行扩容也相对容易,因此备受关注。应该说,目前 Hadoop 是最受欢迎的在 Internet 上对搜索关键字进行内容分类的工具,同时它也可以解决许多有关极大伸缩性的问题。

1. 什么是分布式系统

分布式系统(Distributed System)是建立在网络之上的软件系统,作为软件系统,分布式系统具有高度的内聚性和透明性,因此网络和分布式系统之间的区别更多的是高层软件(特别是操作系统),而不是硬件。

内聚性是指每一个数据库分布节点高度自治,有本地的数据库管理系统。透明性是指每一个数据库分布节点对应用来说都是透明的,看不出是本地还是远程。在分布式数据库系统中,用户感觉不到数据是分布的,即用户无须知道关系是否分割、有无副本、数据存储于哪个站点以及事物在哪个站点上执行等。

在一个分布式系统中,一组独立的计算机展现给用户的是一个统一的整体,就像是一个系统一样。系统拥有多种通用的物理和逻辑资源,可以动态地分配任务,分散的物理和逻辑资源通过计算机网络实现信息交换。系统中存在一个以全局方式管理计算机资源的分布式操作系统。通常对用户来说,分布式系统只有一个模型或范型。在操作系统之上有一层软件中间件负责实现这个模型。

在计算机网络中,这种统一性、模型以及其中的软件都不存在。用户看到的是实际的机器,计算机网络并没有使这些机器看起来是统一的。如果这些机器有不同的硬件或者不同的操作系统,那么这些差异对于用户来说都是完全可见的。如果一个用户希望在一台远程机器上运行一个程序,那么他必须登录到该远程机器上,然后在那台机器上运行该程序。

分布式系统和计算机网络系统的共同点是:多数分布式系统是建立在计算机网络之上的,所以分布式系统与计算机网络在物理结构上是基本相同的。分布式操作系统的设计思想和网络操作系统是不同的,这决定了它们在结构、工作方式和功能上也不同。

网络操作系统要求网络用户在使用网络资源时必须了解网络资源,网络用户必须知道网络中各个计算机的功能与配置、软件资源、网络文件结构等情况。在网络中,如果用户要读一个共享文件,则用户必须知道这个文件存放在哪一台计算机的哪一个目录下。

分布式操作系统是以全局方式管理系统资源的,它可以为用户任意调度网络资源,并且调度过程是"透明"的。当用户提交一个作业时,分布式操作系统能够根据需要在系统中选择最合适的处理器,将用户的作业提交到该处理程序,在处理器完成作业后再将结果传递给用户。在这个过程中,用户并不会意识到有多个处理器存在,这个系统就像是一个处理器。

2. Hadoop

MapReduce 指一种分布式处理的方法,而 Hadoop 则是将 MapReduce 通过开源方式进行实现的框架(Framework)的名称。这是因为 Google 在论文中仅公开了处理方法,而并没有公开程序本身。也就是说,MapReduce 指的只是一种处理方法,而 Hadoop 则是一种基于 Apache 的授权协议,是以开源形式发布的软件程序。

前面已经介绍了 Hadoop 原本是由三大部分组成的,即用于分布式存储大容量文件的 HIDES(Hadoop Distributed File System),用于对大量数据进行高效分布式处理的 Hadoop MapReduce 框架以及超大型数据表 HBase。

从数据处理的角度来看,Hadoop MapReduce 是其中最重要的部分。Hadoop MapReduce 并非用于配备了高性能 CPU 和磁盘的计算机,而是一种工作在由多台通用计算机组成的集群上的对大规模数据进行分布式处理的框架。

Hadoop 将应用程序细分为在集群中任意节点上都可以执行的成百上千个工作负载,并分配给多个节点执行,然后通过对各节点瞬间返回的信息进行重组,以得到最终的回答。虽然存在其他功能类似的程序,但 Hadoop 仍依靠其处理的高速性脱颖而出。

Hadoop 在业界已经被大规模使用。HDFS 有着高容错性的特点,并且部署在低廉的硬件上,实现了异构软硬件平台之间的可移植性。为了尽量减小全局的带宽消耗和读延迟,HDFS 尝试返回给一个读操作距离它最近的副本。HDFS 的硬件故障是常态,而不是异常,它可以自动维护数据的多份复制,并且能够在任务失败后自动重新部署计算任务,实现了故障的检测和自动快速恢复。HDFS放宽了可移植操作系统接口(Portable Operating System Interface,POSI)的要求,可以以流的形式访问文件系统中的数据,实现了以流的形式访问写入的大型文件的目的,其重点是数据吞吐量,而不是数据访问的反应时间。HDFS提供了接口,以让程序自己移动到距离数据存储更近的位置,消除了网络的拥堵,提高了系统的整体吞吐量。HDFS的命名空间是由名字节点存储的。名字节点使用叫作EditLog的事务日志持久地记录每一个对文件系统元数据的改变。名字节点在本地文件系统中用一个文件存储这个EditLog。整个文件系统命名空间,包括文件块的映射表和文件系统的配置都存储在一个叫作FsImage的文件中,FsImage存储在名字节点的本地文件系统中。FsImage和Editlog是HDFS的核心数据结构。

Hadoop的一大优势是:由于Hadoop集群的规模可以很容易地扩展到PB级甚至EB级,因此企业可以将分析对象由抽样数据扩展到全部数据的范围。而且,由于处理速度有了飞跃性的提升,企业可以进行若干次重复的分析,也可以用不同的查询进行测试,从而有可能获得过去无法获得的更有价值的信息。

Hadoop是一个能够对大量数据进行分布式处理的软件框架,它是以一种可靠、高效、可伸缩的方式处理数据的。Hadoop是可靠的,这是因为它会首先假设计算元素和存储失败,因此会维护多个工作数据副本,确保能够针对失败的节点重新进行分布处理。Hadoop是高效的,这是因为它以并行的方式工作,可以通过并行处理加快处理速度。Hadoop还是可伸缩的,它能够处理PB级的数据。此外,Hadoop依赖于社区服务器,因此它的成本比较低,任何人都可以使用。

总而言之,Hadoop是一个能够让用户轻松架构和使用的分布式计算平台。用户可以轻松地在Hadoop上开发和运行处理海量数据的应用程序。Hadoop主要具有以下几个优点。

(1)高可靠性

Hadoop按位存储和处理数据的能力值得人们信赖。

(2)高扩展性

Hadoop是在可用的计算机集簇之间分配数据并完成计算任务的,这些集簇可以方便地扩展到数以千计的节点中。

(3)高效性

Hadoop能够在节点之间动态地移动数据,并保证各个节点的动态平衡,因此其处理速度非常快。

(4)高容错性

Hadoop能够自动保存数据的多个副本,并且能够自动将失败的任务重新分配。

Hadoop带有用Java语言编写的框架,因此其运行在Linux平台上是非常理想的。Hadoop上的应用程序也可以使用其他语言编写,如C++。

3.3.2　NoSQL 数据库

作为支撑大数据的基础技术,能和 Hadoop 一样受到越来越多关注的就是 NoSQL 数据库了。

传统关系数据库在数据密集型应用方面显得力不从心,主要表现在灵活性差、扩展性差、性能差等方面。而 NoSQL 数据库摒弃了传统关系数据库管理系统的设计思想,采用不同的解决方案满足扩展性方面的需求。由于 NoSQL 数据库没有固定的数据模式且可以水平扩展,因此它能够很好地应对海量数据的挑战。相对于关系数据库而言,NoSQL 数据库最大的不同是其不使用 SQL 作为查询语言。NoSQL 数据库的主要优势有:可以避免不必要的复杂性、吞吐量高、水平扩展能力强、适用于低端硬件集群、避免了昂贵的对象-关系映射。

1. NoSQL 数据库与关系数据库设计理念的比较

关系数据库中的表都是存储着一些格式化的数据结构,每个元组字段的组成都一样,即使不是每个元组都需要所有字段,但数据库还是会为每个元组分配所有字段,这样的结构可以便于表与表之间进行连接等操作,但从另一个角度来说,它也是造成关系数据库性能瓶颈的一个因素。而非关系数据库 NoSQL 以键值对存储,它的结构不固定,每一个元组可以有不一样的字段,每个元组可以根据需要增加一些自己的键值对,这样就不会局限于固定的结构,可以减少一些时间和空间上的开销。

NoSQL 数据库与传统关系数据库管理系统(RDBMS)之间的主要区别如表 3-1 所示。

表 3-1　RDBMS 与 NoSQL 数据库的区别

	RDBMS	NoSQL
数据类型	结构化数据	主要是非结构化数据
数据库结构	须事先定义,是固定的	无须事先定义,可以灵活改变
数据一致性	通过 ACIO 特性保持严密的一致性	存在临时的、不保持严密一致性的状态(结果匹配性)
扩展性	基本是向上扩展。由于需要保持数据的一致性,因此性能下降明显	通过横向扩展可以在不降低性能的前提下应对大量访问,实现线性扩展
服务器	以在一台服务器上工作为前提	以分布、协作式工作为前提
故障容忍性	为了提高故障容忍性需要很高的成本	有很多无单一故障点的解决方案,成本低
查询语言	SQL	支持多种非 SQL 语言
数据量	(和 NoSQL 相比)较小规模的数据	(和 RDBMS 相比)较大规模的数据

2. NoSQL 数据库技术特点

NOSQL 数据库的诞生缘于现有 RDBMS 存在的一些问题,例如不能处理非结构化数据、难以横向扩展、扩展性存在极限等。由表 3-1 的对比可见,NoSQL 数据库具备以下特征:数据结构简单、不需要数据库结构定义(或者可以灵活变更)、不对数据一致性进行严格保证、通过横向扩展可以实现很高的扩展性等。简而言之,NoSQL 是一种以牺牲一定的数据一致性为代价,追求灵活性、扩展性的数据库。

(1) 易扩展

NoSQL 数据库种类繁多,但是它们的一个共同特点就是去掉了关系数据库的关系特性。数据之间无关系,这样就非常容易扩展,无形之间在架构的层面上带来了可扩展的能力。

(2) 大数据量,高性能

NoSQL 数据库具有非常高的读写性能,尤其是在大数据量下同样表现优秀,这得益于它的无关系性和数据库结构的简单。一般,MySQL 数据库使用 Query Cache,每次表的更新都会使 Cache 失效,是一种大粒度的 Cache,在针对 Web 2.0 的频繁交互的应用中,Cache 性能不高。而 NoSQL 数据库的 Cache 是纪录级的,是一种细粒度的 Cache,所以 NoSQL 数据库在这个层面上的性能更高。

(3) 灵活的数据模型

NoSQL 数据库无须事先为要存储的数据建立字段,而是随时可以存储自定义的数据格式。而在关系数据库中,增删字段是一件非常麻烦的事情。如果是数据量非常大的表,增加字段简直就是一个噩梦,这一点在大数据量的 Web 2.0 时代中尤其明显。

(4) 高可用

NoSQL 数据库在尽可能不影响性能的情况下可以方便地实现高可用的架构。例如 Cassandra 和 HBase 模型通过复制模型也能实现高可用。

3. 几种主流的 NoSQL 数据库

(1) BigTable

① BigTable 简介。

BigTable 是一个分布式的结构化数据存储系统,用来处理分布在数千台普通服务器上的 PB 级数据。Google 的很多项目都使用 BigTable 存储数据,包括 Web 索引、Google Earth、Google Finance 等。

② 数据模型。

BigTable 是一个稀疏的、分布式的、持久化存储的多维度排序 Map。Map 的索引是行关键字、列关键字以及时间戳;Map 中的每个 value 都是一个未经解析的 byte 数组。

```
(row:string, column:string,time:int64)-->string
```

下面分析一个存储 Web 网页的表的片断。

• 行名:com.cnn.www。

- contents 列族：存放网页的内容。
- anchor 列族：存放引用该网页的锚链接文本。
- anchor：cnnsi.com 列表示被 cnnsi.com 引用。
- anchhor：my.look.ca 列表示被 my.look.ca 引用。
- （com.cnn.www，anchor：my.look.ca，t8)->CNN.com。

③ 技术要点。

ⓐ 基础：GFS、Chubby、SSTable。

- BigTable 使用 Google 的分布式文件系统(GFS)存储日志文件和数据文件。
- Chubby 是一个高可用的、序列化的分布式锁服务组件。
- BigTable 内部存储数据的文件是 Google SSTable 格式的。

ⓑ 元数据组织：chubby->metadata->tablet。

元数据与数据都保存在 Google FS 中，客户端通过 Chubby 服务获得表格元数据的位置。

ⓒ 数据维护与访问。

master server 将每个 tablet 的管理责任分配给各个 tablet server，tablet 的分布信息都保存在元数据中，所以客户端无须通过 master 访问数据，只需要直接和 tablet server 通信。

ⓓ Log-structured 数据组织。

写操作不直接修改原有的数据，而是将一条记录添加到 commit log 的末尾，读操作需要从 log 中 merge 出当前的数据版本。具体实现为：SSTable、Memtable（Memtable 即内存表，用来将新数据或常用数据保存在内存表，可以减少磁盘 I/O 访问）。

④ 特点。

- 适合大规模海量数据和 PB 级数据。
- 分布式、并发数据处理，效率极高。
- 易于扩展，支持动态伸缩，适用于廉价设备。
- 适用于读操作，不适合写操作。
- 不适用于传统关系数据库。

（2）Dynamo

① Dynamo 简介。

Dynamo 最初是 Amazon 使用的一个私有的分布式存储系统。

② 设计要点。

Dynamo 采用 P2P 架构，区别于 Google FS 的 Single Master 架构，Dynamo 无须中心服务器记录系统的元数据。Dynamo 考虑了 Performance（性能）、Availability（可用性）、Durability（数据持久性）三者的平衡，可以根据应用的需求自由调整这三者的比例。

③ 技术要点。

Dynamo 将所有主键的哈希数值空间组成一个首位相接的环状序列，为每台计算机随机赋予一个哈希值,不同的计算机就会组成一个环状序列中的不同节点,而该计算机就负责存储这一段哈希空间内的数据。数据定位使用一致性哈希;对于一个数据,首先计算其哈希值,根据其所在的某个区间顺时针进行查找,一旦找到第一台计算机,该计算机就负责存储该数据,对应的存取操作及冗余备份等操作也由其负责,以此实现数据在不同计算机之间的动态分配。

对于一个环状节点,如 M 个节点,如果一份数据需要保持 N 个备份,则该数据落在某个哈希区间内发现的第一个节点负责后续对应的 N-1 个节点的数据备份(M≥N),Vector Clock 允许数据的多个备份存在多个版本,以提高写操作的可用性(用弱一致性换取高可用性)。分布式存储系统为某个数据保存多个备份,数据写入要尽量保证备份数据同时获得更新,Dynamo 采取数据最终一致性,在一定时间窗口中对数据的更新会传播到所有备份中,但是在时间窗口内,如果有用户读取到旧的数据,则通过向量时钟(Vector Clock)容错,并非采用严格的数据一致性检查,从而实现最终一致性。当节点故障恢复时,Dynamo 可动态维护系统可用性,使系统的写入成功率大幅提升。使用 Merkle Tree 为数据建立索引,只要任意数据有变动,都将快速反馈出来。Dynamo 的网络互联采用 Gossip-based Membership Protocol 通信协议,目标是让节点与节点之间实现通信,实现去中心化。

④ 特点。

ⓐ 高可用。

Dynamo 在设计上没有单点,每个实例由一组节点组成,从应用的角度看,实例提供了 I/O 能力。一个实例上的节点可能位于不同的数据中心内,这样哪怕有一个数据中心出现问题,也不会导致数据丢失。

ⓑ 总是可写。

Hinted Handoff 确保在系统节点出现故障或节点恢复时能灵活处理,可根据应用类型优化可用性、容错性和高效性配置去中心化,人工管理工作少。

ⓒ 可扩展性较差。

由于增加机器需要给机器分配 DHT(Distributed Hash Table)算法所需的编号,操作复杂度较高,且每台机器存储了整个集群的机器信息及数据文件的 Merkle Tree 信息,机器最大规模只能到几千台。

3.3.3 NewSQL 数据库

NewSQL 数据库系统既保留了 SQL 查询的方便性,又能提供高性能和高可扩展性,而且还能保留传统的事务操作的 ACID 特性,它既能达到 NoSQL 数据库系统的吞吐率,又不需要在应用层进行事务的一致性处理。此外,NewSQL 数据库还保持了高层次结构化查询语言的优势。这类数据库系统目前主要包括 Clustrix、NimbusDB 及 VoltDB 等。

NewSQL 数据库被认为是针对 New OLTP 系统的 NoSQL 数据库或者是 OldSQL 系统的一种替代方案。NewSQL 数据库既可以提供传统的 SQL 数据库系统的事务保证,又能提供 NoSQL 数据库系统的可扩展性。如果 New OLTP 将来能有很大的市场,那么将会有越来越多不同架构的 NewSQL 数据库系统出现。

NewSQL 数据库系统涉及很多新颖的架构设计,例如可以将整个数据库都放在主内存中运行,从而消除数据库传统的缓存管理(Buffer);可以在一个服务器上只运行一个线程,从而去除轻量的加锁阻塞(Latching),尽管某些加锁操作仍然需要,并且会影响性能;可以使用额外的服务器进行复制和失败恢复工作,从而取代昂贵的事务恢复操作。

NewSQL 数据库是一类新型的关系数据库管理系统,对于 OLTP 应用来说,它们可以提供和 NoSQL 数据库系统一样的扩展性和性能,还能提供和传统的单节点数据库一样的 ACID 事务保证。

NewSQL 数据库系统非常适合处理具有短事务、点查询、Repetitive(用不同的输入参数执行相同的查询)类型的事务。另外,大部分 NewSQL 数据库系统通过改进原始的 System R 设计可以达到高性能和高扩展性,例如取消重量级的恢复策略、改进并发控制算法等。

NewSQL 数据库主要包括以下两类系统。

① 拥有关系数据库产品和服务,并将关系模型的好处带到分布式架构上。

② 提高关系数据库的性能,使之达到不用考虑水平扩展问题的程度。

3.3.4 云存储技术

面对大数据的海量异构数据,传统存储技术面临建设成本高、运维复杂、扩展性有限等问题,成本低廉、扩展性高的云存储技术日益得到关注。

1. 云存储的定义

由于业内对云存储没有统一的标准,各厂商的技术发展路线也不尽相同,结合云存储技术发展背景及主流厂商的技术方向,可以得出如下定义:云存储是指通过集群应用、网格技术或分布式文件系统等将网络中大量不同的存储设备通过应用软件集合起来协同工作,共同对外提供数据存储和业务访问功能的系统。

2. 云存储的架构

云存储是由网络设备、存储设备、服务器、应用软件、公用访问接口、接入网络和客户端程序等组成的复杂系统。云存储以存储设备为核心,通过应用软件对外提供数据存储和业务访问服务。云存储的架构如图 3-1 所示。

(1)存储层

存储设备数量庞大且分布在不同地域,彼此通过广域网、互联网或光纤通道网络连接在一起。在存储设备之上是一个统一存储设备管理系统,可以实现存储设备的逻辑虚拟化管理、多链路冗余管理以及硬件设备的状态监控和故障维护。

(2)基础管理层

通过集群、分布式文件系统和网格计算等技术实现云存储设备之间的协同工作,使多个

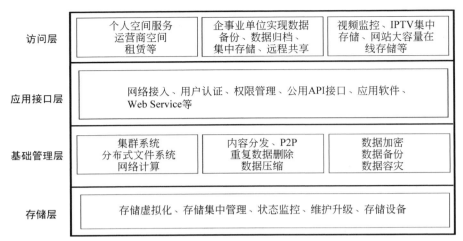

图 3-1　云存储的架构

存储设备可以对外提供同一种服务,并提供更强大的数据访问性能。数据加密技术保证云存储中的数据不会被未授权的用户访问,数据备份和容灾技术可以保证云存储中的数据不会丢失,以保证云存储自身的安全和稳定。

（3）应用接口层

不同的云存储运营商根据业务类型开发了不同的服务接口并提供不同的服务。例如视频监控、视频点播应用平台、网络硬盘、远程数据备份应用等。

（4）访问层

授权用户可以通过标准的公共应用接口登录云存储系统,享受云存储服务。

3. 云存储中的数据缩减技术

大数据时代,云存储的关键技术主要有存储虚拟化、分布式存储、数据备份、数据缩减、内容分发、数据迁移、数据容错等技术。其中,数据缩减技术能够满足海量信息爆炸式增长的趋势,可以在一定程度上节约企业存储成本,提高工作效率,因此该技术成为了人们关注的重点。

（1）自动精简配置技术

传统配置技术为了避免重新配置可能造成的业务中断,通常会过度配置容量。在这种情况下,一旦存储分配给某个应用,就不可能再重新分配给另一个应用,因此造成了已分配的容量无法得到充分利用的情况,造成资源的极大浪费。自动精简配置技术利用虚拟化方法减少物理存储空间的分配,最大限度地提升存储空间的利用率,其核心原理是"欺骗"操作系统,让操作系统误认为存储设备中有很大的存储空间,而实际的物理存储空间则没有那么大。自动精简配置技术会减少已分配但未使用的存储容量的浪费,在分配存储空间时,需要多少存储空间,系统就分配多少存储空间。随着数据存储的信息量越来越多,实际存储空间也可以及时扩展,无须用户手动处理。

（2）自动存储分层技术

自动存储分层（AST）技术是在存储上减少数据量的另外一种机制，主要用来帮助数据中心最大限度地降低成本和复杂性。在过去，移动数据主要依靠手工操作，由管理员判断这个卷的数据访问压力或大或小，在迁移的时候也只能一个整卷一起迁移。自动存储分层技术的特点则是其分层的自动化和智能化。利用自动存储分层技术，一个磁盘阵列能够把活动数据保留在快速、昂贵的存储上，把不活跃的数据迁移到廉价的低速层上，使用户数据保留在合适的存储层级，减少了存储需求的总量，降低了成本，提升了性能。随着固态存储在当前磁盘阵列中的应用以及云存储的来临，自动存储分层技术已经成为大数据时代补充内部部署的存储的主要方式。

（3）重复数据删除技术

物理存储设备在使用一段时间后必然会出现大量重复的数据。重复数据删除技术（De-duplication，一般称为 De-dupe 技术）作为一种数据缩减技术，可以对存储容量进行优化。该技术可以删除数据集中重复的数据且只保留其中一份，从而消除冗余数据。使用 De-dupe 技术可以将数据缩减到原来的 $1/20\sim1/50$。由于大幅减少了物理存储空间的信息量，从而达到减少传输过程中的网络带宽、节约设备成本、降低能耗的目的。重复数据删除技术按照消重的粒度可以分为文件级和数据块级。可以同时使用 2 种以上的 Hash 算法计算数据指纹，以获得非常小的数据碰撞概率。具有相同指纹的数据块即可认为是相同的数据块，其在存储系统中仅需要保留一份。这样，一个物理文件在存储系统中就只对应一个逻辑表示。

（4）数据压缩技术

数据压缩技术是提高数据存储效率最古老、最有效的方法，它可以显著降低待处理和待存储的数据量，一般情况下可以实现 $2:1\sim3:1$ 的压缩，对于随机数据的效果更好，如数据库。该技术的原理是将接收到的数据通过存储算法存储到更小的空间中。在线压缩（RACE）是最新研发的数据压缩技术，与传统压缩技术不同。RACE 技术不仅能在数据首次写入时对其进行压缩，以帮助系统控制大量数据在主存中杂乱无章地存储的情形，还可以在数据写入存储系统前压缩数据，以进一步提高存储系统中的磁盘和缓存的性能和效率。数据压缩技术中使用的 LZS 算法是基于 LZ77 实现的，主要由滑窗（Sliding Window）和自适应编码（Adaptive Coding）构成。在进行压缩处理时，在滑窗中查找与待处理数据相同的块，并用该块在滑窗中的偏移值及块长度替代待处理数据，从而实现压缩编码。如果滑窗中没有与待处理数据块相同的字段，或偏移值及长度数据超过被替代数据块的长度，则不进行替代处理。LZS 算法的实现非常简洁，处理也比较简单，能够适应各种高速应用。

3.4　大数据存储的可靠性

大数据是一种数据集成，是指无法在可容忍的时间内用传统 IT 技术和软硬件工具对其进行感知、获取、管理、处理和服务的数据集合。大数据也是一项 IT 技术。大数据是继云计算、物联网之后 IT 产业又一次颠覆性、革命性的技术变革。大数据时代的来临已成为不可阻挡的趋势。在现代社会,大数据正在改变着世界,改变着人们的生活,已经成为影响一个国家及其全体国民的重要事物。对现有的各种大数据进行系统集成和有效利用是现阶段信息化建设的核心任务。但大数据在给经济社会的发展带来巨大便利和商机的同时,也蕴藏着各种潜在的风险。

3.4.1　大数据可靠性的风险

1. 数据窃取

大数据采用云端存储处理海量数据,对数据的管理较为分散,无法控制用户进行数据处理的场所,难以区分合法用户与非法用户,容易导致非法用户入侵并窃取重要信息。在网络空间,大数据更容易成为攻击目标。

2. 非法添加和篡改分析结果

黑客入侵大数据系统并非法添加和篡改分析结果,可能对金融机构以及个人甚至政府的决策造成干扰。

3. 个人信息泄露

大数据面临用户移动客户端安全管理和个人金融隐私信息保护的双重安全挑战,企业较难在安全性与便利性之间达成平衡。

4. 数据存储安全

"数据大集中"在中国金融业获得了广泛认可。一些大型券商和银行纷纷建设数据种子,作为金融服务的核心和基础。大数据对数据存储的物理安全性、多副本性要求较高。一方面,各类复杂数据的集中存储容易导致存储混乱,造成安全管理违规;另一方面,安全防护手段的更新升级速度无法跟上数据量的非线性增长,大数据安全防护容易出现漏洞。

3.4.2　提高大数据可靠性的方法

1. 建立大数据金融生态系统

大数据金融生态系统是指金融大数据与从事大数据金融活动的个人、家庭、厂商、政府、非政府组织等社会行为主体之间共同形成的动态系统。

各主体在从事金融交易活动时会产生海量金融大数据,这种大数据呈几何式增长,构建海量金融大数据与大数据金融活动相互影响的大数据金融生态系统是非常有必要的,必须加强对系统内不法行为的限制,杜绝信息篡改和窃取,保护个人隐私,促进信息流的良性循环,保证数据的真实可靠。同时要引入信用系统、评级系统等,以强化金融大数据系统的安全性和可靠性。

2. 规范数据提取及交易程序

一方面,必须明确收集大数据主体。大数据的产生包括两个渠道,一是来自法律授权的收集,二是公民使用网络设备自动形成的信息记录。两种信息源头的信息会混杂在一起,从而形成更为精准、私密的信息。针对此类信息的收集,目前尚无法做到程序化和模板化,只能秉持两个基本原则,即利益原则和知情与许可原则。

另一方面,必须明晰数据交易主体。大数据是静态的提取与存储过程,也是动态的交易过程。在金融领域,不论是个人信息、企业信息还是政府信息都非常重要,应严格审查和审批参与大数据交易的主体及其掌握的信息,从信息供给层面予以规范。

本章小结

本章首先介绍了大数据存储在新时代面临的挑战,然后介绍了常用的两种大数据存储方式,重点介绍了大数据的几种存储技术,最后分析了大数据可靠性所面临的风险及提高大数据可靠性的方法。

通过本章的学习,读者应该重点掌握和熟悉几种常用的大数据存储技术。

实验 3

熟悉大数据存储技术

1. 实验目的

(1) 了解大数据分布式存储技术。

(2) 熟悉 NoSQL 数据库技术。

2. 工具/准备工作

(1) 在开始本实验之前,请认真阅读教材的相关内容。

(2) 准备一台带有浏览器且能够联网的计算机。

3. 实验内容

(1) 请简述什么是分布式存储技术。

_____

_____

_____

_____

_____

(2) 请简述什么是 NoSQL 数据库技术。

_____

_____

---

4. 实验总结

---

5. 实验评价（教师）

第 4 章

大数据计算

> **学习目标**
> - 了解大数据计算的基本框架。
> - 掌握批处理计算的两种常用模型框架。
> - 理解流计算的概念,掌握两种流计算框架。
> - 理解交互式分析计算的概念,掌握两种酵素式分析计算框架。

计算机的基本工作是处理数据,随着互联网、物联网等技术得到越来越广泛的应用,数据规模也不断增加,TB、PB 级的数据已成为常态,对数据的处理已无法由单台计算机完成,只能由多台机器共同承担计算任务。而在分布式环境中进行大数据处理,除了与存储系统打交道外,还涉及计算任务的分工、计算负荷的分配、计算机之间的数据迁移等工作,还要考虑在计算机或网络发生故障时的数据安全,情况要复杂得多。

4.1 大数据计算基本框架

举一个简单的例子,假设要从销售记录中统计各种商品销售额。在单机环境中,只需要把销售记录扫描一遍,对各商品的销售额进行累加即可。如果销售记录存放在关系数据库中,则只需要执行一个 SQL 语句即可。现在假设销售记录极多,需要设计出由多台计算机统计销售额的方案。为保证计算的正确、可靠、高效及方便,这个方案需要考虑下列问题。

① 如何为每台机器分配任务,是先按商品种类对销售记录分组,由不同机器处理不同商品种类的销售记录,还是随机向各台机器分发一部分销售记录进行统计,最后把各台机器的统计结果按商品种类合并?

② 上述两种方式都涉及数据的排序问题,应选择哪种排序算法? 应该在哪台机器上执行排序过程?

③ 如何定义每台机器处理的数据从哪来,处理结果到哪里去? 数据是主动发送还是在接收方申请时才发送? 如果是主动发送,则接收方处理不过来怎么办? 如果是在接收方

申请时才发送,则发送方应该保存数据多长时间?

④ 会不会造成任务分配不均,即有的机器很快就处理完了,有的机器一直忙着? 甚至是空闲的机器需要等待忙碌的机器处理完后才能开始执行?

⑤ 如果增加一台机器,那么它能不能减轻其他机器的负荷,从而缩短任务的执行时间?

⑥ 如果一台机器出现故障,那么它没有完成的任务应该交给谁? 会不会遗漏统计或重复统计?

⑦ 统计过程中机器之间如何协调,是否需要一台机器专门指挥调度其他机器? 如果这台机器出现故障怎么办?

⑧ (可选)如果销售记录在源源不断地增加,统计还未执行完新记录就又来了,那么如何保证统计结果的准确性? 能不能保证结果是实时更新的? 再次统计时能不能避免大量重复计算?

⑨ (可选)能不能让用户执行一句 SQL 语句就可以得到结果?

上述问题中,除了第 1 个问题外,其余问题都与具体任务无关,在其他分布式计算的场合也会遇到,而且解决起来都相当棘手。第 1 个问题中的分组和统计在很多数据处理场合也会涉及,只是具体方式不同。如果能把这些问题的解决方案封装到一个计算框架中,则可以大幅简化这类应用程序的开发。

这些计算框架可按下列标准分类。

如果不涉及上面提出的第 8 个和 9 个问题,则属于批处理框架。批处理框架重点关心数据处理的吞吐量,又可分为非迭代式和迭代式两类,迭代式包括 DAG(有向无环图)、图计算等模型。

如果针对第 8 个问题提出应对方案,则分为两种情况:如果重点关心处理的实时性,则属于流计算框架;如果侧重于避免重复计算,则属于增量计算框架。

如果重点关注的是第 9 个问题,则属于交互式分析框架。

4.2 批处理计算

4.2.1 Hadoop

前面已经介绍了 Hadoop 最初主要包含分布式文件系统(HDFS)和计算框架 MapReduce 两部分,它是从 Nutch 中独立出来的项目。在 Hadoop 2.0 版本中,它又把资源管理和任务调度功能从 MapReduce 中剥离出来,形成了 YARN,使其他框架也可以像 MapReduce 那样运行在 Hadoop 之上。与之前的分布式计算框架相比,Hadoop 隐藏了很多烦琐的细节,如容错、负载均衡等,更便于使用。

1. Hadoop 生态圈

Hadoop 具有很强的横向扩展能力,可以很容易地把新计算机接入集群中参与计算。

在开源社区的支持下,Hadoop 不断发展完善,并集成了众多优秀的产品,如非关系数据库 HBase、数据仓库 Hive、数据处理工具 Sqoop、机器学习算法库 Mahout、一致性服务软件 ZooKeeper、管理工具 Ambari 等,形成了相对完整的生态圈和分布式计算事实上的标准。图 4-1 所示为 Hadoop 生态圈。

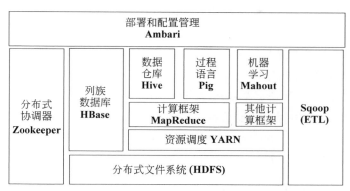

图 4-1 Hadoop 生态圈(删减版)

2. MapReduce 处理步骤

如图 4-1 所示,其中的 MapReduce 就是 Hadoop 的计算框架,可以将其理解为把一堆杂乱无章的数据按照某种特征归纳合并起来,然后对其进行处理并得到最后的结果。MapReduce 的基本处理步骤如图 4-2 所示。

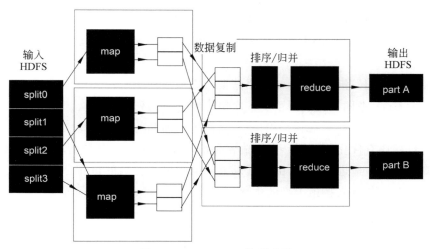

图 4-2 MapReduce 处理过程

① 把输入文件按照一定标准分片(split),每个分片对应一个 map 任务。一般情况下,MapReduce 和 HDFS 运行在同一组计算机上,也就是说,每台计算机同时承担存储和计算任务,因此分片通常不涉及计算机之间的数据复制(copy)。

② 按照一定的规则把分片中的内容解析成键值对,通常选择一种预定义的规则即可。

③ 执行 map 任务,处理每个键值对,输出零个或多个键值对。

④ MapReduce 获取应用程序定义的分组方式,并按分组对 map 任务输出的键值对进行排序,默认每个键名为一组。

⑤ 待所有节点都执行完上述步骤后,MapReduce 启动 reduce 任务。每个分组对应一个 reduce 任务。

⑥ 执行 reduce 任务的进程通过网络获取指定组的所有键值对。

⑦ 把键名相同的值合并为列表。

⑧ 执行 reduce 任务,处理每个键所对应的列表并输出结果。

在上面的步骤中,应用程序主要负责设计 map 和 reduce 任务,其他工作均由框架负责。在定义 map 任务输出数据的方式时,键的选择至关重要,除了影响结果的正确性外,也决定了数据如何分组、排序、传输以及执行 reduce 任务的计算机如何分工。

3. MapReduce 处理应用举例

前面已经提到的商品销售统计的例子可以选择商品种类作为键。MapReduce 执行商品销售统计的过程大致如下。

① 把销售记录分片,分配给多台机器。

② 每条销售记录被解析成键值对,其中,值作为销售记录的内容,键可忽略。

③ 执行 map 任务,每条销售记录被转换为新的键值对,其中,键作为商品种类,值作为该条记录中商品的销售额。

④ MapReduce 把 map 任务生成的数据按商品种类进行排序。

⑤ 待所有节点都完成排序后,MapReduce 启动 reduce 任务。每个商品种类对应一个 reduce 任务。

⑥ 执行 reduce 任务的进程通过网络获取指定商品种类的各次销售额。

⑦ MapReduce 把同一种商品下的各次销售额合并到列表中。

⑧ 执行 reduce 任务,累加各次销售额,得到该种商品的总销售额。

上面的过程还有优化的空间。在传输各种商品每次的销售额数据之前,可以先在 map 端对各种商品的销售额进行小计,由此可以大幅减少网络传输的负荷。MapReduce 通过一个可选的 combine 任务支持该类型的优化。

4.2.2　DAG 模型

现在,假设希望知道销售得最好的前 10 种商品,可以分以下两个步骤进行计算。

① 统计各种商品的销售额。通过 MapReduce 实现,这在前面已经讨论过。

② 对商品种类按销售额排名。可以通过一个排序过程完成。假定商品种类非常多,需要通过多台计算机加快计算速度,则可以用另一个 MapReduce 过程实现,其基本思路是把 map 和 reduce 分别当作小组赛和决赛,先计算各分片的前 10 名,汇总后再计算总排行榜中

的前 10 名。

从上面的例子可以看出，通过多个 MapReduce 的组合可以表达复杂的计算问题。不过，组合过程需要人工设计，比较麻烦。另外，每个阶段都需要所有计算机同步执行，影响了执行效率。

1. DAG 计算模型核心思想

为解决上述问题，业界提出了 DAG(有向无环图)计算模型，其核心思想是把任务在内部分解为若干存在先后顺序的子任务，由此可以更灵活地表达各种复杂的依赖关系。MicrosoftDryad、GoogleFlumeJava、ApacheTez 是最早出现的 DAG 模型。Microsoft 并行软件平台 Dryad 定义了串接、全连接、融合等若干简单的 DAG 模型，通过组合这些简单结构即可描述复杂的任务，FlumeJava、Tez 则通过组合若干 MapReduce 形成 DAG 任务，如图 4-3 所示。

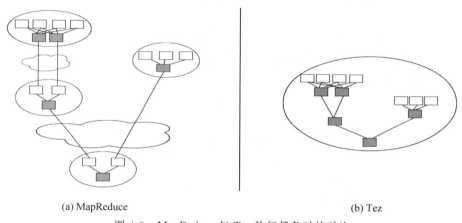

(a) MapReduce   (b) Tez

图 4-3   MapReduce 与 Tez 执行任务时的对比

2. DAG 模型的改进——RDD

MapReduce 的另一个不足之处是它会使用磁盘存储的中间结果，严重影响了系统的性能，这在机器学习等需要迭代计算的场合更为明显。加州大学伯克利分校 AMP 实验室开发的 Spark 克服了上述问题。Spark 对早期的 DAG 模型做了改进，提出了基于内存的分布式存储抽象模型，即可恢复分布式数据集(Resilient Distributed Datasets，RDD)，RDD 有选择性地把中间数据加载并驻留到内存中，减少了磁盘 I/O 开销，如图 4-4 所示。与 Hadoop 相比，Spark 基于内存的运算快 100 倍以上，基于磁盘的运算快 10 倍以上。

Spark 为 RDD 提供了丰富的操作方法，其中，map、filter、flatMap、sample、groupByKey、reduceByKey、union、join、cogroup、mapValues、sort、partionBy 用于执行数据转换，以生成新的 RDD，而 count、collect、reduce、lookup、save 用于收集或输出计算结果。例如前面统计商品销售额的例子，在 Spark 中只需要调用 map 和 reduceByKey 两个转换操

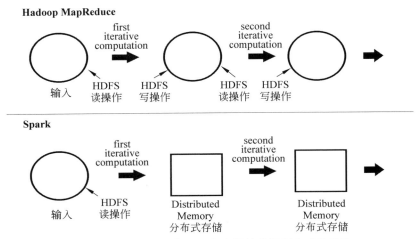

图 4-4　MapReduce 与 Spark 中间结果保存方式的对比

作就可以实现,整个程序包括加载销售记录和保存统计结果在内也只需要寥寥几行代码,并且支持 Java、Scala、Python、R 等多种开发语言,比 MapReduce 编程要方便得多。图 4-5 说明了 reduceByKey 的内部实现。

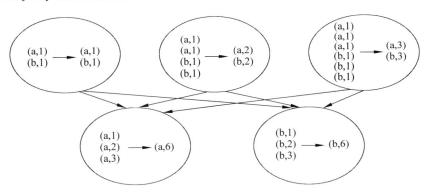

图 4-5　RDD reduceByKey 内部实现

RDD 由于把数据存放在内存中而不是磁盘上,因此其需要比 Hadoop 更多地考虑容错问题。分布式数据集的容错有两种方式:数据检查点和记录数据的更新。在处理海量数据时,数据检查点操作的成本很高,因此 Spark 默认选择记录更新的方式。不过,如果更新粒度太细、太多,那么记录更新成本也不会很低。因此,RDD 只支持粗粒度转换,即只记录单个块上执行的单个操作,然后将创建 RDD 的一系列变换序列记录下来,类似于数据库中的日志。

当 RDD 的部分分区数据丢失时,Spark 会根据之前记录的演变过程重新进行运算,以恢复丢失的数据分区。Spark 生态圈的另一项目 Alluxio(原名为 Tachyon)也采用类似的思路,其使数据写入速度比 HDFS 有数量级的提升。

3. Spark 对 MapReduce 的改进

下面总结 Spark 对 MapReduce 的改进。

① MapReduce 抽象层次低,需要手工编写代码;Spark 基于 RDD 抽象,使数据处理逻辑的代码非常简短。

② MapReduce 只提供了 map 和 reduce 两个操作,表达力欠缺;Spark 提供了很多转换和动作,很多关系数据库中常见的操作(如 JOIN、GROUP BY)已经在 RDD 中实现。

③ MapReduce 中只有 map 和 reduce 两个阶段,进行复杂的计算时需要大量的组合,并且由开发者自己定义组合方式;在 Spark 中,RDD 可以连续执行多个转换操作,如果这些操作对应的 RDD 分区不变,则还可以放在同一个任务中执行。

④ MapReduce 的处理逻辑隐藏在代码中,不直观;Spark 代码不包含操作细节,逻辑更清晰。

⑤ MapReduce 的中间结果放在 HDFS 中;Spark 的中间结果放在内存中,只有当内存空间不足时才会写入本地磁盘,而不是 HDFS,显著提高了性能,特别是在迭代式数据处理的场合。

⑥ MapReduce 中的 reduce 任务需要等待所有 map 任务完成后才可以开始执行;在 Spark 中,分区相同的转换构成了流水线,可以放到同一个任务中运行。

4.3　流计算

4.3.1　流计算概述

在大数据时代,数据通常都是持续不断地动态产生的。在很多场合,数据需要在非常短的时间内得到处理,并且还要考虑容错、拥塞控制等问题,以避免数据遗漏或重复计算。流计算框架则是针对这类问题的解决方案。流计算框架一般采用 DAG(有向无环图)模型。图中的节点分为两类:一类是数据的输入节点,负责与外界交互以向系统提供数据;另一类是数据的计算节点,负责完成某种处理功能,如过滤、累加、合并等。从外部系统不断传入的实时数据则流经这些节点把它们串接起来。如果把数据流比作水,那么输入节点就好比是喷头,可以源源不断地出水,计算节点则相当于水管的转接口,如图 4-6 所示。

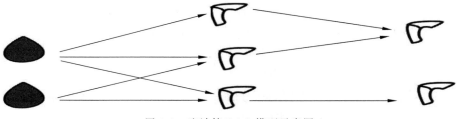

图 4-6　流计算 DAG 模型示意图

为提高并发性,每一个计算节点所对应的数据处理功能会被分配到多个任务(相同或不同计算机上的线程)。在设计 DAG 时,需要考虑如何把待处理的数据分发到下游计算节点所对应的各个任务,这在实时计算中称为分组(Grouping)。最简单的方案是将每个任务复制一份,不过这样做的效率很低,更好的方式是让每个任务处理数据的不同部分。随机分组能达到负载均衡的效果,应优先考虑。不过在执行累加、数据关联等操作时,需要保证同一属性的数据被固定分发到对应的任务,这时应采用定向分组。在某些情况下,还需要自定义分组方案,如图 4-7 所示。

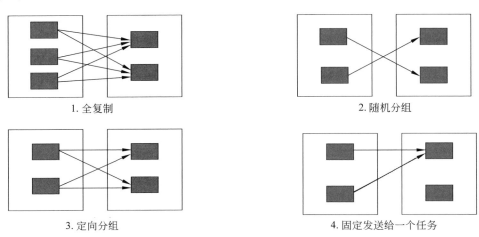

1.全复制   2.随机分组

3.定向分组   4.固定发送给一个任务

图 4-7   流计算分组

由于应用场合的广泛性,目前市面上已经有了不少流计算平台,包括 Google MillWheel、Twitter Heron 和 Apache 项目中的 Storm、Samza、S4、Flink、Apex、Gearpump。

4.3.2   Storm 及 Trident

在流计算框架中,目前人气最高、应用最广泛的是 Storm,这是由于 Storm 具有简单的编程模型,且支持 Java、Ruby、Python 等多种开发语言。Storm 也具有良好的性能,在多节点集群上每秒可以处理上百万条消息。Storm 在容错方面也设计得很优雅。下面介绍 Storm 确保消息可靠性的思路。

在 DAG 模型中,确保消息可靠的难点在于:原始数据被当前的计算节点成功处理后还不能被丢弃,因为它生成的数据仍然可能在后续的计算节点上处理失败,需要由该消息重新生成。如果要对消息在各个计算节点的处理情况都进行跟踪记录,则会消耗大量资源。

Storm 的解决思路是为每条消息分配一个 ID 作为唯一性标识,并在消息中包含原始输入消息的 ID,同时用一个响应中心(Acker)维护每条原始输入消息的状态,状态的初值为该原始输入消息的 ID。每个计算节点成功执行后,把输入和输出消息的 ID 进行异或,再异或对应的原始输入消息的状态。由于每条消息在生成和处理时分别被异或了一次,则成功执行后所有消息均被异或了两次,对应的原始输入消息的状态为 0,因此当状态为 0 后即可安全地清除原始输入消息的内容,而如果超过指定时间间隔后状态仍不为 0,则认为处理该消息的某个环节出了问题,需要重新执行,如图 4-8 所示。

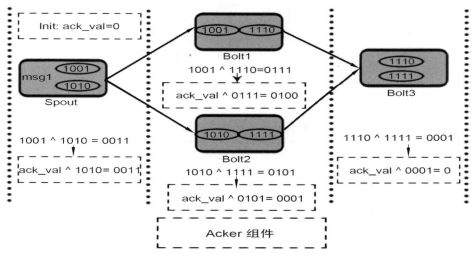

图 4-8 Storm 保证消息可靠性过程示意图

Storm 还实现了更高层次的抽象框架 Trident。Trident 以微批处理的方式处理数据流,例如每次处理 100 条记录。Trident 提供了过滤、分组、连接、窗口操作、聚合、状态管理等操作,支持跨批次聚合处理,并对执行过程进行优化,包括多个操作的合并、数据传输前的本地聚合等。以微批处理方式处理数据流的框架还有 Spark Streaming。通过图 4-9 和图 4-10 可以比较出实时流处理与微批处理的区别。

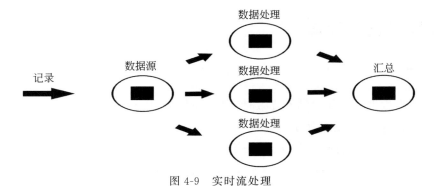

图 4-9 实时流处理

表 4-1 为 Storm、Trident 与另外几种流计算框架的对比。

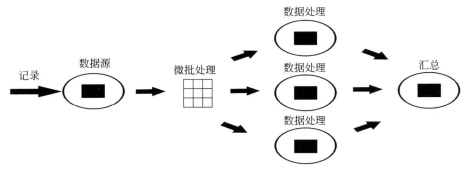

图 4-10 微批处理

表 4-1 Storm、Trident 与另外几种流计算框架的对比

项　　　目	Storm	Trident	Spark Streaming	Samza	Flink
模型	实时流	微批处理	微批处理	实时流	实时流
API	组合式	组合式	声明式	组合式	声明式
可靠性保证	至少一次	正好一次	正好一次	至少一次	正好一次
容错方式	记录确认	记录确认	记录更新	日志	检查点
状态管理	无	有	有	有	有
延迟	很低	中	中	低	低
吞吐量	低	中	高	高	高
成熟度	高	高	高	中	低

4.4 交互式分析计算

4.4.1 概述

在解决了大数据的可靠存储和高效计算后,如何为数据分析人员提供便利日益受到了人们的关注,而最便利的分析方式莫过于交互式查询。这几年,交互式分析技术的发展迅速,目前这一领域知名的平台已有十余个,包括 Google 开发的 Dremel 和 PowerDrill,Facebook 开发的 Presto,Hadoop 服务商 Cloudera 和 HortonWorks 分别开发的 Impala 和 Stinger,以及 Apache 项目中的 Hive、Drill、Tajo、Kylin、MRQL 等。

一些批处理和流计算平台,如 Spark 和 Flink 也分别内置了交互式分析框架。由于 SQL 已被业界广泛接受,因此目前的交互式分析框架都支持使用类似 SQL 的语言进行查询。早期的交互式分析平台建立在 Hadoop 的基础上,被称为 SQL-on-Hadoop。后来的分析平台改用了 Spark、Storm 等引擎,不过 SQL-on-Hadoop 的称呼还是沿用了下来。SQL-on-Hadoop 也指为分布式数据存储提供 SQL 查询功能。

4.4.2 Hive

Apache Hive 是最早出现的架构在 Hadoop 基础之上的大规模数据仓库,由 Facebook 设计并开源。Hive 的基本思想是通过定义模式信息把 HDFS 中的文件组织成类似传统数据库的存储系统。Hive 保持着 Hadoop 所提供的可扩展性和灵活性。Hive 支持熟悉的关系数据库的概念,如表、列和分区,包含对非结构化数据在一定程度上的 SQL 支持。Hive 支持所有主要的原语类型(如整数、浮点数、字符串)和复杂类型(如字典、列表、结构)。Hive 还支持使用类似 SQL 的声明性语言 Hive Query Language(HiveQL)表达的查询,任何熟悉 SQL 的人都能很容易地理解它。HiveQL 被编译为 MapReduce 过程执行。图 4-11 和图 4-12 说明了如何通过 MapReduce 实现 JOIN 和 GROUP BY。

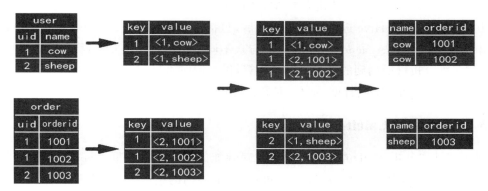

图 4-11 MapReduce 实现 JOIN

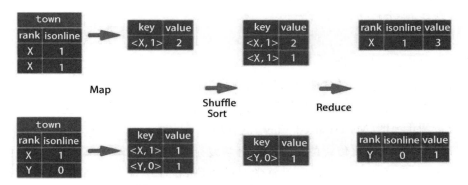

图 4-12 MapReduce 实现 GROUP BY

Hive 与传统关系数据库的对比如表 4-2 所示。

表 4-2　Hive 与关系数据库的对比

项　目	Hive	关系数据库
事务	不支持	微批处理
随机插入数据	不支持	支持
执行延迟	高	低
执行	MapReduce	数据库引擎
横向扩展	支持上百个节点	很少超过 20 个节点
数据规模	大	小
硬件要求	普通机器	高端专用机器
字节成本	低	高

Hive 的主要弱点是由于其建立在 MapReduce 的基础上,因此其性能受到了限制。很多交互式分析平台对 Hive 进行了改进和扩展,包括 Stinger、Presto、Kylin 等。其中,Kylin 是由中国团队提交到 Apache 上的项目,其与众不同的地方是 Kylin 提供了多维分析能力。Kylin 对多维分析可能用到的度量进行预计算,供查询时直接访问,由此提供快速查询和高并发能力。Kylin 在 eBay、百度、京东、网易、美团均有应用。

4.4.3　SQL 引擎 Calcite

对于交互式分析,SQL 查询引擎的优劣对性能的影响举足轻重。Spark 开发了自己的查询引擎 Catalyst,而包括 Hive、Drill、Kylin、Flink 在内的很多交互式分析平台及数据仓库则使用 Calcite(原名为 optiq)作为 SQL 引擎。Calcite 是一个 Apache 孵化项目,其创建者 Julian Hyde 曾是 Oracle 数据库 SQL 引擎的主要开发者。Calcite 具有下列几个技术特点。

① 支持标准 SQL。
② 支持 OLAP。
③ 支持对流数据的查询。
④ 独立于编程语言和数据源,可以支持不同的前端和后端。
⑤ 支持关系代数、可定制的逻辑规划规则和基于成本模型优化的查询引擎。
⑥ 支持物化视图(Materialized View)的管理。

由于分布式场景远比传统的数据存储环境复杂,因此 Calcite 和 Catalyst 都还处于向 Oracle、MySQL 等经典关系数据库引擎学习的阶段,在性能优化的道路上还有很长的路要走。

从 Hadoop 横空出世到现在 10 余年的时间中,大数据分布式计算技术得到了迅猛发展,不过由于历史尚短,这方面的技术还远未成熟,各种框架都还在不断改进并相互竞争。

性能优化毫无疑问是大数据计算框架的重点改进方向之一。而性能的提高在很大程度上取决于内存的有效利用,包括前面提到的内存计算,现已在各种类型的框架中广泛采用。内存资源的分配管理对性能也有重要影响,JVM 垃圾回收在给开发人员带来便利的同时,也制约了内存的有效利用。另外,Java 的对象创建及序列化也比较浪费资源。在内存优化方面做足功夫的代表是 Flink。出于性能方面的考虑,Flink 的很多组件都自行管理内存,无须依赖 JVM 垃圾回收机制。Flink 还用到了开辟内存池、二进制数据代替对象、量身定制序列化、定制缓存友好的算法等优化手段。Flink 还在任务的执行方面进行了优化,包括多阶段并行执行和增量迭代。

拥抱机器学习和人工智能也是大数据计算的潮流之一。Spark 和 Flink 分别推出了机器学习库 SparkML 和 FlinkML。更多的平台在第三方大数据计算框架上提供机器学习,如 Mahout、Oryx 及 Apache 孵化项目 SystemML、HiveMall、PredictionIO、SAMOA、MADLib。这些机器学习平台一般都同时支持多个计算框架,如 Mahout 同时以 Spark、Flink、H2O 为引擎,SAMOA 则使用 S4、Storm、Samza。在深度学习掀起热潮后,又有社区探索把深度学习框架与现有的分布式计算框架结合起来,这样的项目有 SparkNet、CaffeonSpark、TensorFrames 等。

在同一平台上支持多种框架也是大数据的发展趋势之一,尤其是对于那些开发实力较为雄厚的社区。Spark 以批处理模型为核心实现了交互式分析框架 SparkSQL、流计算框架 Spark Streaming(以及正在实现的 Structured Streaming)、图计算框架 GraphX、机器学习库 SparkML。而 Flink 在提供低延迟的流计算的同时,它的批处理、关系计算、图计算、机器学习一个也没落下,目标直奔大数据通用计算平台。Google 的 BEAM(意为 Batch+strEAM)则试图把 Spark、Flink、Apex 这样的计算框架纳入自己制定的标准,颇有号令江湖之意。

本章小结

本章的主要内容是大数据计算框架,重点介绍了两种批处理模型、两种流计算模型以及两种交互式分析计算模型。

通过本章的学习,读者应该熟悉几种常用的大数据计算模型。

实验 4

Hive 系统的安装与配置

1. 实验目的

(1) 掌握 Hive 系统的安装方式。

(2) 掌握 Hive 系统的配置方式。

2．工具/准备工作

（1）在开始本实验之前，请认真阅读教材的相关内容，上网查阅 Hive 的安装方法。

（2）准备一台带有浏览器且能够联网的计算机。

3．实验内容与步骤

（1）访问 Hive 官网（http://www.apache.org/dyn/closer.cgi/hive/），下载安装文件 apache-hive-1.2.1-bin.tar.gz。

（2）解压缩下载文件并将其安装到计算机上。

（3）配置环境变量。

（4）修改配置文件。

4．实验总结

_____

_____

_____

_____

5．实验评价（教师）

_____

_____

_____

大数据分析

随着大数据时代的来临,大数据分析也应运而生。大数据分析是指对规模巨大的数据集进行分析。

5.1 大数据分析概述

传统的数据分析通过数据抽样,并不断改进抽样方法以提高样本的精确性,从而对整体数据进行推算,并竭力挖掘数据之间的因果关系;而大数据分析的对象是全体数据,不存在因采样的不合理而导致的预测结果的偏差。传统数据分析的算法比较复杂,通常是用多个变量的方程追求数据之间的精确关系;而大数据分析则使用简单的算法实现规律性的分析。传统的数据分析关注的是"为什么"的因果关系思维方式,而大数据分析关注的是"是什么"的相关性关系,即从海量数据中分析出人类不易感知的关联性。传统数据分析追求的是精确性,即探寻问题的最终答案,而大数据分析是基于海量数据进行分析而得出的结果,该结果一般都是一种供决策参考的指向性意见。

下面通过表 5-1 说明传统的数据分析和大数据分析的区别。

表 5-1 传统数据分析和大数据分析的区别

对比项目	传统数据分析	大数据分析
分析对象	部分数据的采用	全部数据
分析类型	结构化数据	结构化、半/非结构化数据

续表

对比项目	传统数据分析	大数据分析
精确性	必须接收精确、规范化的数据	可以是非精确、非规范化、不完整的数据
分析算法	对算法的要求较高	算法简单有效
分析结果	注重因果关系	更注重相关性,而非因果关系

5.2 大数据分析基础

5.2.1 大数据分析基本分类

本节主要讲述数据挖掘分析领域中最常用的四种数据分析方法:描述型分析、诊断型分析、预测型分析和指令型分析,如图 5-1 所示。

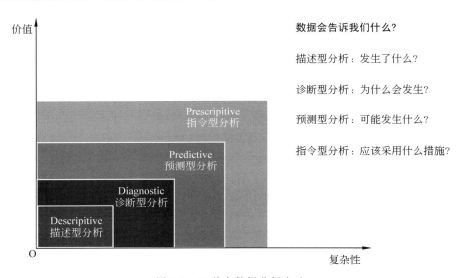

图 5-1 四种大数据分析方法

1. 描述型分析

描述型分析是最常见的分析方法。在业务中,这种方法向数据分析师提供了重要指标和业务的衡量方法,例如每月的营收和损失账单。数据分析师可以通过这些账单获取大量的用户数据。了解用户的地理信息,这就是描述型分析的方法之一。利用可视化工具能够有效地增强描述型分析所提供的信息。

2. 诊断型分析

描述型数据分析的下一步就是诊断型数据分析。通过评估描述型数据,诊断分析工具能够让数据分析师更深入地分析数据,获取到数据的核心。

被良好设计的工具按照时间序列进行数据读入、特征过滤和获取数据等功能,以便更好地分析数据。

3. 预测型分析

预测型分析主要用于预测事件未来发生的可能性,预测一个可量化的值或者预估事情发生的时间点。

预测模型通常使用各种可变数据实现预测。数据成员的多样化与预测结果密切相关。

在充满不确定性的环境下,预测能够帮助人们做出更好的决定。预测模型也是很多领域正在使用的重要方法。

4. 指令型分析

预测型分析的下一步就是指令型分析。指令模型基于对"发生了什么""为什么会发生"和"可能发生什么"的分析帮助用户决定应该采取什么措施。通常情况下,指令型分析不是单独使用的方法,而是在前面的所有方法都完成之后最后需要完成的分析方法。

例如,交通规划分析考量了每条路线的距离、每条路线的行驶速度以及目前的交通管制等因素,以帮助驾驶员选择最佳的回家路线。

最后需要说明一点,每一种分析方法都对业务分析具有很大的帮助,它们都应用在数据分析的各个方面。

5.2.2 大数据分析步骤

大数据分析步骤归结起来有以下 6 个基本方面。

1. Analytic Visualizations(可视化分析)

不论是数据分析专家还是普通用户,数据可视化都是数据分析工具最基本的要求。可视化可以直观地展示数据,让数据自己说话,让观众听到结果。

2. Data Mining Algorithms(数据挖掘算法)

可视化是给人看的,数据挖掘则是给机器看的。集群、分割、孤立点分析还有其他算法让人们可以深入数据内部挖掘价值。这些算法不仅要处理大数据的量,也要处理大数据的速度。

3. Predictive Analytic Capabilities(预测性分析能力)

数据挖掘可以让分析员更好地理解数据,而预测性分析则可以让分析员根据可视化分析和数据挖掘的结果做出一些具有预测性的判断。

4. Semantic Engines(语义引擎)

由于非结构化数据的多样性给数据分析带来了新的挑战,因此需要一系列工具解析、提取、分析数据。语义引擎需要能够从"文档"中智能地提取信息。

5. Data Quality and Data Management（数据质量和数据管理）

数据质量和数据管理是一些管理方面的最佳实践。通过标准化的流程和工具对数据进行处理可以保证得到一个预先定义好的高质量的分析结果。

6. Data Storage and Data Warehouse（数据存储和数据仓库）

数据仓库是为便于多维分析和多角度展示数据而按特定模式进行存储所建立起来的关系数据库。在商业智能系统的设计中，数据仓库的构建是关键，是商业智能系统的基础，其承担了对业务系统数据进行整合的任务，为商业智能系统提供了数据抽取、转换和加载（ETL）功能，并按主题对数据进行查询和访问，为联机数据分析和数据挖掘提供了数据平台。

5.2.3 异步分析

异步分析遵循捕获、存储、分析的流程，在这个过程中，数据由传感器、网页服务器、销售终端、移动设备等获取，之后再存储到相应的设备上，最后再进行分析。由于这些类型的分析都是通过传统的关系数据库管理系统（RDBMS）进行的，因此数据形式都需要转换或者转型为 RDBMS 能够使用的结构类型，例如行或者列的形式，并且需要和其他数据相连续。

处理的过程称为提取、转移、加载或者 ETL。首先将数据从源系统中提取并处理，然后将数据进行标准化处理，最后将数据发送至相应的数据仓储进行进一步分析。在传统数据库环境中，这种 ETL 步骤相对直接，因为分析的对象往往是人们熟知的金融报告、销售或者市场报表、企业资源规划等。然而在大数据环境下，ETL 可能会变得相对复杂，因此转型过程在不同类型的数据源之间的处理方式是不同的。

当分析开始的时候，数据首先从数据仓储中被抽取出来，然后被放进 RDBMS 中以产生需要的报告或者相应的商业智能应用。在大数据分析的环节中，裸数据以及经过转换的数据大多会被保存下来，因为其可能在后面还需要被再次转换。

5.3 大数据预测分析

5.3.1 什么是预测分析

预测分析是一种统计或数据挖掘解决方案，它可以在结构化和非结构化数据中使用，以确定未来结果的算法和技术，可用于预测、优化、预报和模拟等许多用途。大数据时代下，预测分析已在商业和社会中得到了广泛应用。随着越来越多的数据被记录和整理，未来的预测分析必定会成为所有领域的关键技术。

5.3.2 预测分析的作用

预测分析和假设情况分析可以帮助用户评审和权衡潜在决策的影响力，可以用来分析历史模式和概率,以预测未来的业绩并采取预防措施,其主要作用如下。

1. 决策管理

决策管理是用来优化并自动化业务决策的一种卓有成效的成熟方法,它通过预测分析让组织能够在制定决策以前有所行动,以便预测哪些行动在将来最有可能获得成功,以优化成果并解决特定的业务问题。决策管理包括管理自动化决策设计和部署的各个方面,供组织管理其与用户、员工和供应商之间的交互。从本质上讲,决策管理使优化的决策成为了企业业务流程的一部分。由于闭环系统会不断将有价值的反馈纳入决策的制定过程中,所以对于希望对变化的环境做出即时反应并最大化每个决策的组织来说,决策管理是非常理想的方法。

当今世界中竞争的挑战之一是组织如何在决策制定过程中更好地利用数据。可以用于企业以及由企业生成的数据量非常大且正以惊人的速度增长。与此同时,基于此数据制定决策的时间却非常短,且有日益缩短的趋势。虽然业务经理可以利用大量报告和仪表板监控业务环境,但是使用此信息指导业务流程和用户互动的关键步骤通常是人工参与的,因此不能及时响应变化的环境,希望获得竞争优势的组织必须寻找更好的方式。

决策管理使用决策流程框架和分析优化并自动化决策,通常专注于大批量决策并使用基于规则和分析模型的应用程序实现决策。对于传统上使用历史数据和静态信息作为业务决策基础的组织来说,这是一个突破性的进展。

2. 滚动预测

预测是指定期更新对未来绩效的当前观点,以反映新的或变化中的信息的过程,是基于分析当前数据和历史数据以决定未来趋势的过程。为应对这一需求,许多企业正在逐步采用滚动预测方法。

大企业采用 7×24 小时的业务运营影响造就了一个持续而又瞬息万变的环境,风险、波动和不确定性持续不断,并且任何经济动荡都具有近乎实时的深远影响。

毫无疑问,对于这种变化,感受最深的是 CFO(财务总监)和财务部门。虽然业务战略、产品定位、运营时间和产品线改进的决策可能是在财务部门外部做出的,但制定这些决策的基础是财务团队使用绩效报告和预测提供的关键数据与分析。具有前瞻性的财务团队意识到传统的战略预测无法完成这一任务,因此他们会迅速采用更加动态的、滚动的和基于驱动因子的方法。在这种环境中,预测变为一个极其重要的管理过程。为了抓住正确的机遇,满足投资者的要求以及在风险出现时对其进行识别,关键的一点就是深入了解潜在的未来发展,管理不能再依赖于传统的管理工具。在应对过程中,越来越多的企业已经或者正准备从使用静态预测模型转型到使用滚动时间范围的预测模型。

采用滚动预测的公司往往有更高的预测精度、更快的循环时间、更好的业务参与度和更多明智的决策制定。滚动预测可以对业务绩效进行前瞻性预测;为未来计划周期提供基线;捕获变化带来的长期影响。与静态年度预测相比,滚动预测能够在察觉到业务决策制定的时间点后定期更新,并减轻财务团队的行政负担。

3. 预测分析与自适应管理

稳定、持续变化的工业时代已经远去,现在的时代是一个不可预测、非持续变化的信息时代,未来还将变得更加无法预测,员工将需要具备更多的技能,创新的步伐将进一步加快,产品价格将会更低,顾客将具有更多的发言权。

为了应对这些变化,CFO 需要一个能让各级经理快速做出明智决策的系统,他们必须将年度计划周期替换为更加常规的业务审核,通过滚动预测提供支持,让经理能够看到趋势和模式,以在竞争对手行动之前取得突破,在产品与市场方面做出更明智的决策。具体来说,CFO 需要通过持续计划周期进行管理,让滚动预测成为主要的管理工具,每天和每周都报告关键指标。同时需要注意,使用滚动预测可以改进短期可见性,并将预测作为管理手段,而不是度量方法。

5.3.3 数据具有内在预测性

大部分数据的堆积并不是为了预测,但预测分析系统能够从这些庞大的数据中学会预测未来的能力,正如人们可以从自己的经历中汲取经验和教训一样。

数据最激动人心的不是其数量,而是其增长速度。人们会敬畏数据的庞大数量,因为有一点永远不会变,那就是今天的数据必然比昨天的数据多。规模是相对的,而不是绝对的。数据规模并不重要,重要的是膨胀速度。

世上万物均有关联,只不过有些事物之间是间接关系,这在数据中也有反映。

① 你的购买行为与你的消费历史、在线习惯、支付方式以及社会交往人群相关。数据能从这些因素中预测出你的行为。

② 你的身体健康状况与生活习惯和环境有关,因此数据能通过住宅小区以及家庭规模等信息预测你的健康状态。

③ 你对工作的满意程度与你的工资水平、表现评定以及升职情况相关,而数据则能反映这些事实。

④ 经济行为与人类情感相关,数据也能反映这种关系。

数据科学家通过预测分析系统不断地从数据堆中找到规律。如果将这些数据整合在一起,那么尽管你不知道自己将从这些数据里发现什么,但至少你能通过观测和解读数据语言发现某些内在的联系。数据效应就是这么简单。

预测通常是从小处入手。预测分析是从预测变量开始的,这是对个人单一值的评测。近期性就是一个常见的变量,表示某人最近一次购物、最近一次犯罪或最近一次发病等距离现在的时间,近期值越接近现在,观察对象再次采取行动的概率就越高。许多模型的应用都是从近期表现最积极的人群开始的,无论是试图建立联系、开展犯罪调查还是进行医疗诊断。

与此相似,频率可以描述某人做出相同行为的次数,它也是常见且富有成效的指标。如果有人此前经常做某事,那么他再次做这件事的概率就会很高。实际上,预测就是根据人的过去行为预见其未来行为。因此,预测分析模型不仅要依靠那些枯燥的基本人口数据,例如住址、性别等,也要涵盖近期性、频率、购买行为、经济行为以及产品使用习惯之类的行为预测变量。这些行为通常是最有价值的,因为要预测的就是未来是否还会出现这些行为的概率,这就是通过行为预测行为的过程。正如哲学家萨特所言:"人的自我由其行为决定。"

预测分析系统会综合考虑数十项甚至数百项预测变量,需要把个人的全部已知数据都输入系统,然后等待系统给出预测结果。

5.4 大数据分析应用

5.4.1 大数据分析的主要应用行业

大数据分析的发展应用不仅有助于加速智慧城市与智慧生活科技的实现,而且如果将其应用于制造与服务产业,则不但能有效控制营运成本,还可以洞察市场趋势,提前掌握用户的需求,还有机会透过跨产业的大数据分析结果,以发展智慧联网、智慧自动化、智慧生活、智慧城市等新兴科技服务业,进而重塑产业形貌,创造我国产业转型的崭新契机。

例如,面对全球人口结构的转变,预防医学、健康照护、个体化医疗需求的增加,如果医疗产业与可穿戴技术能结合彼此的专长,则可以运用大数据分析技术助力新药、医疗器材的开发,为健康管理与诊治方式带来改变。

我国在智慧终端装置,包括各式可穿戴式装置、智慧联网装置的制造优势,可以说是发展大数据分析的最有力后盾。

运用大数据分析也可以加速提升物流及资讯流的流通便利性,尤其是在极端气候变迁与复合性灾害日趋严重的大趋势下,城市治理需要面对的环境变化将变得更为多变,对大数据分析技术的需求自然也就应运而生。

大数据分析技术对制造产业的帮助更是显而易见,尤其是产品开发与组装成本可以因此大幅降低,营运成本也会因此降低。由于大数据分析技术也可应用于个人分析,因此对于运营范围涉及全球的服务业而言,其可以因此增加更多的产值。

综上所述,可以把大数据分析应用归纳为以下 9 方面,这些方面都是大数据在分析应用上的关键领域。

1. 理解客户、满足客户服务需求

大数据的应用目前在此领域是最广为人知的,其重点是如何应用大数据更好地了解客户及其爱好和行为。企业非常喜欢搜集社交方面的数据、浏览器的日志,以分析出文本和传感器的数据,从而更加全面地了解客户。一般情况下,企业会建立出数据模型进行预测。例如美国的著名零售商 Target 就是通过大数据分析得到有价值的信息,并精准地预测客户在什么时候想要生育小孩。另外,通过大数据的应用,电信服务商可以更好地预测出流失的客

户,超市可以更加精准地预测哪个产品会热销,汽车保险行业可以了解客户的需求和驾驶水平。

2. 业务流程优化

大数据可以更多地帮助业务流程进行优化,企业可以通过利用社交媒体、网络搜索以及天气预报挖掘出有价值的数据,其中大数据应用得最广泛的就是供应链以及配送路线的优化。在这两个方面,地理定位和无线电频率的识别可以帮助追踪货物和送货车,并利用实时交通路线数据制定更加合理的路线。人力资源部门也可以通过大数据分析进行改进,其中包括人才招聘的优化。

3. 大数据正在改善生活

大数据不仅应用于企业和政府部门,同样也适用个人。人们可以利用可穿戴装备(如智能手表或智能手环)生成最新的健康数据,可以根据热量的消耗以及睡眠模式进行健康状态追踪,还可以利用大数据分析扩展交友范围。大多数时候,交友网站就是利用大数据应用工具帮助人们匹配合适的社交伙伴的。

4. 提高医疗和研发技术

大数据分析应用的计算能力能够在几分钟内解码整个DNA,并且制定出最新的治疗方案,同时可以更好地理解和预测疾病。就好像人们手上的智能手表可以产生健康数据一样,大数据同样可以帮助病人进行更好的治疗。大数据技术目前已经在医院用来监视早产婴儿和患病婴儿的情况,通过记录和分析婴儿的心跳数据,医生可以针对婴儿可能出现的不适症状做出预测,以帮助医生更好地开展治疗。

5. 提高体育成绩

现在,很多运动员在训练的时候都会应用大数据分析技术。例如IBM Slam Tracker工具可以使用视频分析技术追踪足球或棒球比赛中每个球员的表现,而运动器材中的传感器则可以获得比赛数据,从而分析和判断如何改进战术。很多精英运动队还会追踪运动员在赛场之外的活动,它们通过使用智能技术追踪运动员的营养状况、睡眠以及社交活动,从而监控其情感状况。

6. 优化机器和设备性能

大数据分析还可以让机器和设备在应用上更加智能化和自主化。例如,大数据工具曾经就被Google用来研发自动驾驶汽车。Toyota的普瑞就配有摄像机、GPS以及传感器,其在道路上能够安全地行驶,不需要人类的干预。大数据工具还可以应用于优化智能电话。

7. 改善安全和执法

大数据现在已经广泛应用到安全执法的过程中。例如美国安全局利用大数据打击恐怖主义,企业应用大数据技术防御网络攻击,警察应用大数据工具捕捉罪犯,银行信用卡公司应用大数据工具监测欺诈性交易。

8. 改善城市

大数据还被应用于改善城市。例如基于城市实时交通信息、利用社交网络和天气数据优化最新的交通情况。目前很多城市都在进行大数据的分析和试点。

9. 金融交易

大数据在金融行业主要应用于金融交易。高频交易是大数据应用得比较多的领域。其中,大数据算法应用于交易决定,现在很多股权的交易都是利用大数据算法进行的,这些算法现在越来越多地考虑了社交媒体和网站新闻的数据,从而决定在未来几秒内是买进还是卖出。

以上就是大数据分析应用的 9 大领域,随着大数据的应用越来越普及,还会产生很多新的大数据应用领域以及新的大数据应用。

5.4.2　大数据分析应用应注意的问题

开展数据分析工作的目的在于将数据分析的成果转化为业务发展的成效,使数据分析成果进一步优化企业的管理和决策,进而真正实现资源的优化配置,并促进各项业务的快速高效发展。对于企业业务部门而言,在数据分析成果的应用实施中,应该充分注意以下几点。

(1) 加强数据安全管理是数据分析成果应用的前提。

数据分析的成果和结论中普遍含有大量的、精华的、最具有参考意义的业务发展数据信息,这些信息同样是企业经营发展的机密信息,不仅对于企业的高级管理人员有重要的参考价值,对于企业业务部门的市场竞争对手同样有重要的战略参考价值,数据分析成果的泄露对企业造成的损失也是难以估量的,因此在使用数据分析成果的同时,一定要加强数据安全管理。

加强安全管理意识,同时制定严格的数据保密制度,并强化泄密责任追究制度;企业在应用和下发分析成果时必须按需下发、分级下发,不允许将完整的数据分析报告随意下发至任何人,必须在保障数据分析成果充分应用的同时尽可能减少数据分析成果的掌握人群,尽可能降低数据泄露的风险;一旦发现数据泄露的情况,要及时向上级管理部门汇报,以便及时采取措施,降低数据泄露对企业造成的损失。

(2) 树立“以量化分析指标为依据进行决策管理”的意识是数据分析成果应用的基础。

数据分析的意义不仅是让管理人员加强对业务知识的理解,还是为管理人员提供决策的核心数据依据,使企业的经营决策能够从“定性分析”和“经验指导”转变为“定量分析与定性分析相结合”和“数据指导与科学论证相结合”,避免出现“决策拍脑袋、事后拍大腿”的情况。如果企业各级管理人员不能从根本上树立“以量化分析指标为依据进行决策管理”的意识,那么数据分析成果就不可能得到真正深入的应用和实施,数据分析的应用价值也就无从发挥。因此,树立“以量化分析指标为依据进行决策管理”的意识是数据分析成果应用的基础。

（3）市场调研工作是数据分析成果应用的重要组成部分。

开展数据分析工作的基础在于数据，而数据的来源绝不仅仅是企业信息化系统提供的电子数据，一部分关键信息是信息化系统所不具有的，例如竞争对手的发展情况、兄弟企业的先进经验及发展趋势、市场份额占比的变化趋势等，只有包含这些信息，数据来源才是完整的，在此基础上进行数据分析而得出的结论才是最科学、最有参考价值的，因此在数据分析工作开展和成果应用的同时，业务部门必须积极配合技术部门的市场调研工作，完善数据采集机制，使数据分析成果更有针对性和实用性。

在数据分析成果应用的过程中，同样需要加强市场调研工作，原因有两点：一是需要市场调研验证数据分析成果和结论在本地市场的可行性；二是需要将数据分析成果与市场调研的结论相结合，在此基础上形成完整的营销策划书或者管理措施等，因为数据分析的结论和成果是不会直接转化为经营效益的，只有当营销策划方案和管理措施的实施和落实后，其才能转化为企业发展的真正成效。

（4）完善的沟通协调机制是用好数据分析成果的关键。

数据分析成果在形成后不是一成不变的，在这些成果的使用过程中，需要各级管理部门及时反馈使用情况，并且随着时间的推移，在各项业务发展的内外部环境变化的情况下，还需要进一步调整和优化分析方案，以形成新的分析成果。也可以说，数据分析工作是一个螺旋式推进的过程，只有在各级业务部门和技术部门之间建立起完善、长效的沟通机制，才能促进数据分析工作的长效、科学发展，才能使数据分析成果更容易发挥实效。

（5）完善的市场营销体系是用好数据分析成果的保障。

近年来，大企业的市场部一直在强调完善市场营销体系的建设，就数据分析成果的运用而言，要想真正发挥其作用，同样依赖于完善的市场营销体系，所有分析成果都需要依靠完整的营销调研、方案策划、落地实施、质量控制、成效反馈等完善的市场营销闭环体系以发挥其实用价值。因此，企业业务管理部门必须在应用数据分析成果的同时，将其融入市场营销体系建设和市场营销的日常管理工作中去。

（6）提升管理人员的数据敏感度及需求挖掘能力是数据分析成果能够发挥长效作用的重要手段。

数据分析成果就是结论和数据，同样的成果在不同的管理人员眼中的价值点不同，能发挥的作用也不同，这就取决于管理人员的数据敏感度及其对分析成果向实用化方案的转化能力。因此，提升管理人员的数据敏感度并使其形成根据分析结论进行决策的习惯是数据分析成果能够长久发挥作用的重点环节之一。

数据分析工作目前已经形成长效机制，经营管理人员必须提升自身的需求挖掘能力，及时提出数据分析需求的着眼点，并及时与数据分析团队进行充分沟通，使有限的数据分析能力能够用在企业生产经营和发展最急需的地方，这也是数据分析成果能够发挥最大作用的关键环节之一。

5.5 大数据分析平台与工具

大数据分析平台与工具有很多种类,包括基于前端展现的分析工具,如数据仓库和数据集市。本节将介绍几种流行的大数据分析工具。

5.5.1 HPCC 系统

HPCC 是 High Performance Computing and Communications(高性能计算与通信)的缩写。2011 年,LexisNexis 公司开源了其高性能计算分析平台 HPCC 系统,其 C++ 编写的天然速度优势、可靠性与强力的错误恢复机制、强大易用的 ECL 编程语言模式等新特性为人们解决大数据处理问题带来了新的思路与方法。

Hadoop 系统在进行文件分割时是基于数据块的,而 HPCC 系统在进行文件分割时是基于记录的,相比 Hadoop 系统,HPCC 系统为用户更进一步地隐藏了分布式计算的细节,简化了并行程序的编写难度,HPCC 系统的开源为分布式大数据处理系统提供了一个新的选择,同时由于 HPCC 系统由专门的公司支持,其安全性和稳定性也能得到保证。

HPCC 系统相比于现今的各种大数据解决方案有以下优点。

① 强大灵活的 RCL 语言显著提升了程序员编程的效率。
② Roxie 集群提供了高效的在线查询和分析服务。
③ RCL 程序首先编译为优化的 C++ ,高速性能得到了保证。
④ 高效的错误恢复和冗余备份机制。
⑤ 稳定和可靠的系统。
⑥ 在较低的系统消耗上实现了更高的性能。

1. HPCC 的系统架构

HPCC 系统从物理上可以看作是在同一个集群上部署了 Thor(数据加工处理平台)和 Roxie(数据查询、分析和数据仓库)的集群计算系统,并包含 ECL 中间件、外部通信层、客户端接口和辅助组件,其系统架构如图 5-2 所示。

Thor 集群和 Rorie 集群是 HPCC 系统的核心部件,这两个部件可以根据并行处理任务进行独立优化。

Thor 集群可以独立执行任务,不需要部署 Roxie 集群;但要想运行 Roxie 集群上的任务,必须先部署 Thor 集群,并为其构建分布式索引文件。其中,ESP 服务器(Enterprise Service Platform)提供与用户交互的网络连接,后面用到的 ECL Watch 和 WS ECL Service 都属于 ESP 服务。

HPCC 的系统服务器包含 ECL 服务器、DALI 服务器、Sasha 服务器、DFU 服务器和 ESP 服务器,这些服务器为 Thor 集群、Roxie 集群和外部建立接口,并为 HPCC 环境提供服务支持。

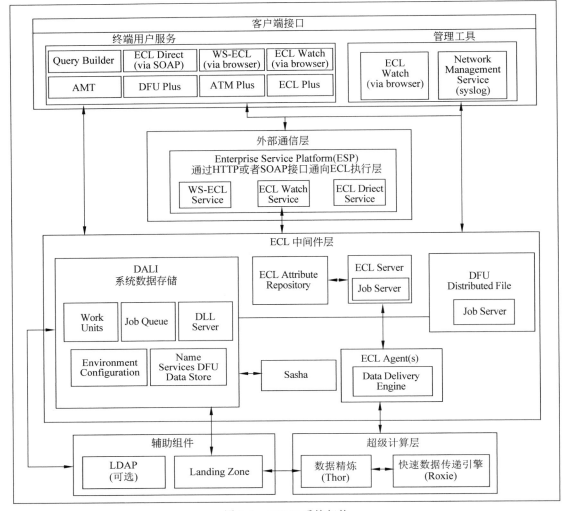

图 5-2　HPCC 系统架构

① ECL 服务器包含 ECL 编译器和执行代码生成器,是 Thor 集群的任务服务器。

② DALI 服务器的功能是数据仓库,主要用于管理工作单元数据、维护 DFU 的逻辑文件目录信息、配置 HPCC 环境、维护系统消息队列等。

③ Sasha 服务器的主要作用是尽量减轻 DALI 服务器的压力和资源利用率。

④ DFU 服务器用于向 Thor 集群的分布式文件系统 DFS 发送数据和回收数据。

⑤ ESP 服务器是外部客户端连接到集群的接口。

同时,HPCC 平台为数据分析人员、编程人员、管理人员和终端用户提供了一系列开发工具和组件,包括集成开发环境 Query Builder、集群监控管理工具 ECL Watch 等。

HPCC 的总体简化系统结构如图 5-3 所示,图 5-3 中表明 HPCC 集群在 ECL 语言的基础上利用 Thor 集群对大数据进行分析处理,然后利用 Roxie 集群实现数据的高效发布。

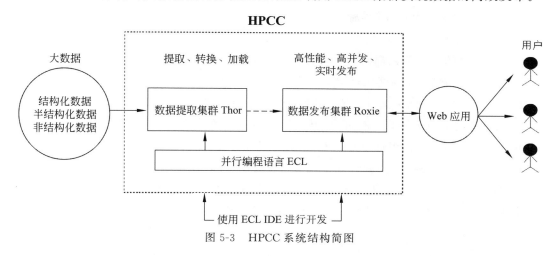

图 5-3 HPCC 系统结构简图

2. Thor 集群

Thor 集群是 HPCC 系统的基础部件,用于对待处理的原始数据进行加工和精炼,例如对原始数据进行数据清洗,进行数据集的 ETL 操作(提取、转换、加载),为高性能结构化查询和数据仓库应用创建核心数据和索引等。

Thor 集群在功能、运行环境、文件系统等方面与 Hadoop 相似。Thor 集群可以看作是一种基于记录的 Hadoop 系统。在系统结构上,Thor 集群与 Hadoop 都采用主从模式,每个集群由一个 Master 节点和多个 Slave 节点组成,其他组件用于构成 HPCC 集群环境,为 ECL 程序的执行提供并行环境。Master 节点的主要作用是分发由 ECL Server 和 BCL 仓库编译的程序到各个 Slave 节点,并监控、协调程序在各个 Slave 节点上的执行(类似于 Hadoop 中的 Job Tracker)。在一个 HPCC 系统中可以建立多个 Thor 集群。

Thor 集群的每一个 Slave 节点也作为集群分布式文件系统的数据节点存在,与 Map Reduce 集群所用的块格式不同,Thor 集群中的数据是面向记录的,数据记录既可以是长度固定的内容,也可以是其他固定格式的数据。Thor 集群为本地节点和集群内的其他节点都提供了备份副本,每当有新数据添加,都会自动进行备份。Thor 集群上执行的任务也可以通过分布式文件系统从其他集群导入文件。

Thor 集群中的分布式文件系统是 HPCC 系统实现大数据处理的关键,通过数据在系统中预先切分并分别存储于各个子节点而为后面对数据的并行化处理提供方便,正是利用分布式文件系统 HPCC 可以向开发者隐藏并行数据处理的复杂性实现了算法的自动并行化,这是当前大数据系统架构采用的主要方法。

3. Roxie 集群

作为数据快速交付引擎的 Roxie(Rapid Online XML Inquiry Engine)是一个高性能的

结构化查询和分析平台,支持并发数据请求,可以快速响应请求。Roxie 集群提供了高性能的在线结构化数据查询和分析数据仓库的功能,其作用类似 Hadoop 中的 Hive 和 Hbase,但 Roxie 集群的效率更高。

Roxie 集群的每个节点都同时运行着 Server 进程和 Worker 进程。Server 进程主要负责等待接收查询请求,并调度执行请求。Roxie 集群有自己的分布式文件系统,以索引为基础,使用分布式 B+树索引文件。Roxie 集群提供了强大的错误恢复和冗余备份功能,可以在两个或更多的节点上进行数据冗余,并能够在节点失效的情况下继续运行。

Roxie 集群中的辅助组件节点是一台 ESP 服务器,外部终端通过 ESP 服务器与集群连接,其余组件与为 Roxie 集群创建分布式索引文件的 Thor 集群共享。

在 HPCC 编程环境中,Thor 集群和 Roxie 集群这两种并行数据处理平台需要各自优化并相互配合,HPCC 平台需要根据系统性能要求和用户的需求决定使用两种平台各自的节点数,以获取最优性能。

HPCC 平台集成了 Thor 集群和 Roxie 集群,可以根据实际需求配置 Thor 集群和 Roxie 集群,比 Hadoop 具有更大的灵活性。通常,Thor 集群和 Roxie 集群在物理上属于同一个集群,只是二者完成的任务不同,它们基于的底层分布式文件系统是同一个文件系统。

4. HPCC 平台数据检索任务的执行过程

HPCC 平台上的数据检索任务在 Thor 集群和 Roxie 集群上运行,执行过程包括导入原始数据、切分与分发待处理数据、ETL 处理、Roxie 集群发布,如图 5-4 所示。

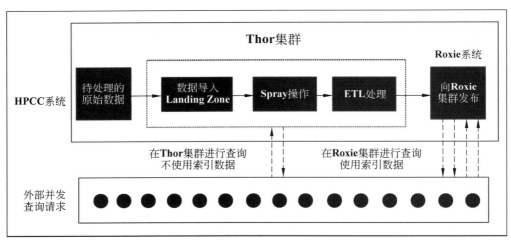

图 5-4　HPCC 数据检索任务的执行流程

（1）导入原始数据

将存储在 HPCC 平台以外的待处理数据加载到 Thor 集群,存放位置为 Landing Zone,可以在 HPCC 系统配置中进行查询。常用的数据加载方式有两种:一种方式是登录 ECL Watch,通过 Web 方式将数据导入 Thor 集群;另一种方式是直接使用 WinSCP 等文件传输工具将数据导入相应节点的文件夹。

（2）切分与分发待处理数据

这个操作由 DFU 服务器控制，对应于图 5-4 中的 Spray。Spray 操作将 Landing Zone 中的数据进行均匀切分，然后发送到 Thor 集群的计算节点。切分的时候会根据文件的逻辑记录结构进行切分，保证逻辑记录的完整性，不被切分到多个节点上。数据会被切分并分发到各个存储节点，切分后的文件形成了一个逻辑文件，供 ECL 编程时使用。

（3）ETL 处理

对分发后的原始数据进行 ETL 处理是 Thor 集群的典型应用，包含 Extract 操作、Transform 操作和 Load 操作。Extract 操作包含源数据映射、数据清洗、数据分析统计等操作；Transform 操作是对数据集的常规操作，如数据记录的合并或拆分、数据集内容的更新、格式的变化等；Load 操作的主要作用是为数据仓库或一些独立的查询平台建立索引，索引建立后会被加载到 Roxie 平台以支持在线查询。

（4）Roxie 集群发布

当一个查询被部署到 Roxie 集群时，相关的支撑数据、索引文件也会被加载到 Roxie 分布式索引文件系统。在 HPCC 系统中，这个文件系统与 Thor 集群的分布式文件系统是相互独立的。在 HPCC 环境配置中，Roxie 集群的数据会在多个节点上进行备份，集群中的某个节点出现故障不会影响系统的运行。Roxie 集群查询请求的负载均衡一般由外部负载均衡通信设备负责。Roxie 集群的规模取决于查询需求及其响应时间，规模一般小于 Thor 集群。Roxie 查询可以通过 Web 应用发起，每个 Roxie 查询需要部署一个 ECL 查询程序。

5.5.2 Apache Drill

Apache Drill 是一个低延迟的分布式海量数据（涵盖结构化、半结构化以及嵌套数据）交互式查询引擎，使用 ANSI SQL 兼容语法，支持本地文件、HDFS、Hive、HBase、MongoDB 等后端存储，支持 Parquet、JSON、CSV、TSV、PSV 等数据格式。

Apache Drill 是 Google Dremel 的开源实现，其本质是一个分布式的 mpp 查询层，支持 SQL 及一些用于 NoSQL 和 Hadoop 数据存储系统的语言，有助于 Hadoop 用户更快地查询海量数据集。Drill 支持更广泛的数据源、数据格式及查询语言，可以通过对 PB 级数据的快速扫描（大约几秒）完成相关分析，是一个专门用来分析大型数据集的分布式系统。

1. Drill 查询架构

Drill 查询架构如图 5-5 所示，查询流程一般包括以下步骤。

① Drill 客户端发起查询，客户端可以是一个 JDBC、ODBC、命令行界面或 REST API。集群中的任何 Drill 单元都可以接收来自客户端的查询，没有主从概念。

② Drill 单元对查询进行分析和优化，并快速高效地生成一个最优的分布式执行计划。

③ 收到请求的 Drill 单元将成为该查询的 Drill 单元驱动节点。这个节点从 Zookeeper 获取整个集群可用的一个 Drill 单元列表。驱动节点确定合适的节点以执行各种查询计划

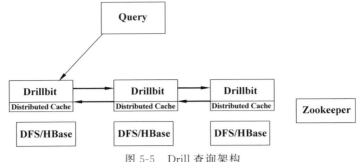

图 5-5　Drill 查询架构

片段,从而最大化数据局部性。

④ 各个节点查询片段执行计划按照它们的 Drill 单元计划表执行。

⑤ 各个节点在完成它们的执行后会将结果数据返回给驱动节点。

⑥ 驱动节点以流的形式将结果返回给客户端。

2. Drillbit 核心模型

Drillbit 核心模型如图 5-6 所示。

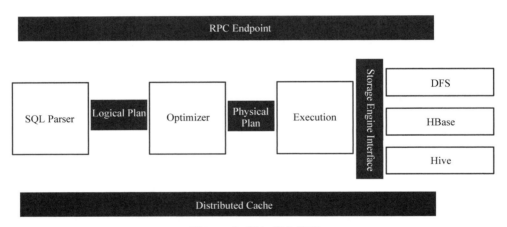

图 5-6　Drillbit 核心模型

(1) Drillbit 的关键部件

下面简单介绍 Drillbit 的关键部件。

① RPC Endpoint

Drill 是一个低开销的基于 protobuf 的 RPC 通信协议。此外,C++ 和 Java API 层也用于客户端应用程序与 Drill 的交互。在提交查询之前,客户端可以直接和特定的 Drillbit 通信或者通过 Zookeeper 发现可用的 Drillbit。推荐做法是通过 Zookeeper 维护客户端集群管理的复杂性,如添加和删除节点。

② SQL parser

Drill 使用 Optiq 开源框架解析传入的查询,该解析器的组件输出是语言无关的。

③ Storage Engine Interface

Drill 服务作为多个数据源之上的查询层,其存储插件表示的是与数据源交互的抽象。存储插件为 Drill 提供了以下信息:元数据来源的可用;Drill 读取接口和写入数据源;数据的位置和一组优化规则,有助于 Drill 查询提高效率和更快地执行在一个特定的数据源上。

(2) Drill 架构设计重点

Drill 在架构设计方面重点体现在性能上。

① Dynamic Schema Discovery(动态模式探索)

Drill 在数据启动查询处理过程中不需要模式和类型说明,Drill 在执行批处理数据的过程中采用动态探索模式。在 Drill 进行动态查询时,自描述数据格式(如 Parquet、JSON、avro、NoSQL 数据库)为它们的部分数据指定了模式说明。因为在 Drill 的查询过程中模式是可以改变的,所以当模式发生改变的时候,Drill 的所有操作均会重新配置它们的模式。

② Flexible Data Model(灵活的数据模型)

Drill 允许访问嵌套数据属性,如 SQL 列,并提供直观的、容易扩展的操作。从架构的角度来看,Drill 提供了一个灵活的分层柱状数据模型,可以表示复杂、高度动态和发展的数据模型。在设计和执行阶段,Drill 允许高效地处理这些模型,而不需要进行 flatten 或 materialize 操作。Drill 的关系数据是当被作一个特殊的或简化复杂/多结构数据。

③ De-centralized Metadata(分散型元数据)

Drill 没有集中的元数据需求,因此不需要在一个元数据库中创建和管理表和视图,或依赖于一个数据库管理员 group 这样的一个函数。Drill 数据来源于存储插件对应的数据源。存储插件提供的元数据包括完整的元数据(Hive)、部分元数据(HBase)或没有集中的元数据(文件)。分散型元数据意味着 Drill 不会绑定到一个单一的 Hive 库中。我们能够一次查询多个 Hive 库,然后从 HBase 表或一个分布式系统文件中合并数据,还可以使用 SQL DDL 的 Drill 语法创建元数据,该操作就像一个传统的数据库。

④ Extensibility(可扩展)

Drill 在所有层面都提供了可扩展的架构,包括存储插件、查询器、查询优化器、查询执行器和客户端 API,用户可以自定义任何层以进行扩展。

5.5.3　RapidMiner

RapidMiner 是世界领先的数据挖掘解决方案,其特点是图形用户界面的互动原型。RapidMiner 提供了可视化的数据挖掘技术,可视化建模简化了数据挖掘的工作,RapidMiner 5.3 版本是开源的版本(代码全部用 Java 实现),但这个版本缺少对 Hadoop 的支持(RapidMiner 6 已经支持 Hadoop,但它是不开放源码的)。RapidMiner 具有丰富的数据挖掘分析和算法功能,常用于解决各种商业关键问题,如营销响应率、客户细分、客户忠诚度及终身价值、资产维护、资源规划、预测性维修、质量管理、社交媒体监测和情感分析等典型商业案例。

RapidMiner Studio 是 RapidMiner 的可零代码操作的客户端,是一个数据分析的图形化开发环境,用于设计分析流程,用户可以在本地计算机上操作,它能实现完整的建模步骤,从数据加载、汇集到转化和准备阶段(ETL),再到数据分析和产生预测阶段。Studio 社区版和基础版为免费开源版本,可以在 RapidMiner 官网下载,其核心功能由 Operator(操作因子)、Process(挖掘任务)、Repository(存储库)组成。Operator 包含数据导入/导出、数据转换、数据建模、模型评估等功能。Process 由 Operator 组成。Repository 是存储库,用来存放 Process 的配置信息等。存储库分为本地和远程(即 Server 端)两种,RapidMiner Server 除了存放挖掘任务的配置信息外,还主要负责任务的调度运行。

RapidMiner Server 可以在局域网服务器或连接外网的服务器上运行,可以与 RapidMiner Studio 无缝集成,具有以下功能。

① 分享工作流和数据。

② 作为常规配置的中央存储点,可以被多个用户(分析师)使用。

③ 进行大型运算,减少用户(分析师)本地硬件资源和时间的占用。

④ 提供交互式仪表盘和报表展示功能,让非技术人员更容易理解。

RapidMiner Radoop 是一个与 Hadoop 集群相连接的扩展,能连接多个 Hadoop 集群,可以通过拖曳自带的算子执行 Hadoop 技术特定的操作,避免了 Hadoop 集群技术的复杂性,简化和加速了在 Hadoop 上的分析过程。

RapidMiner Cloud 可以在云环境中执行和部署分析模型,需要时可以补充运算能力,能够接入 300 多种云数据源和集中式云资源库,在任何地方都可以访问分析数据、模型和流程。

本章小结

本章首先介绍了大数据分析的基本分类、分析步骤以及异步分析的概念,然后讲解了预测分析的作用,介绍了归纳大数据分析的主要应用场景,最后重点介绍了几种流行的大数据分析工具。

通过本章的学习,读者应该对大数据分析有一定的了解,能够掌握流行的大数据分析工具的使用方法。

实验 5

HPCC 系统的安装部署

1. 实验目的

(1)掌握 HPCC 系统的安装方法。

（2）掌握 HPCC 系统的配置方法。

2. 工具/准备工作

（1）在开始本实验之前，请认真阅读教材的相关内容，上网查阅 HPCC 系统的安装方法。

（2）准备一台带有浏览器且能够联网的计算机。

3. 实验内容与步骤

（1）访问 HPCC 官网（https://hpccsystems.com/），下载插件版的安装文件。

（2）解压缩下载文件并安装到计算机上。

（3）配置集群环境。

4. 实验总结

_____

_____

_____

_____

5. 实验评价（教师）

_____

_____

_____

大数据可视化

可视化作为一门涉及计算机图形学、图像处理、计算机视觉、人机交互等多个领域的综合学科，旨在借助于图形化的手段清晰有效地传达信息，其不但广泛应用于医学、生物、地理等领域的科学计算，而且在金融、通信、网络等行业中的信息处理方面的应用也是如火如荼。

6.1 大数据可视化概述

传统的数据可视化只是将数据加以组合，将数据通过不同的展现方式提供给用户，用于发现数据之间的关联信息。在大数据背景下，传统的数据可视化分析模型以及理论已无法满足需求，必须针对大数据的海量性、实时性、价值性等特点重新构建一套有效的可视化分析理论及分析模型。因此，大数据可视化所面临的最大挑战就是如何提出新的可视化方法，使之能够帮助人们分析大规模、高维度、多来源、动态演化的数据，并辅助人们做出实时决策。目前，大数据可视化的应用也更加广泛，并衍生出了许多新的研究方向，包括数据可视化、科学计算可视化、信息可视化、知识可视化等。

6.1.1 大数据可视化的概念

数据可视化是关于数据视觉表现形式的科学技术研究。其中，这种数据的视觉表现形式被定义为一种以某种概要形式抽提出来的信息，包括相应信息单位的各种属性和变量。数据可视化主要面向大型数据库中的数据，借助于图形化手段，如折线图、柱状图、散点图、饼状图、地图、网络图、雷达图、矩阵图等直观地表达数据与数据之间的关系，获得数据的内在信息，从而清晰有效地传达信息。面对具有大数据的海量、异构、多样性等特征的数据集，如商业分析、人口状况分布、用户行为数据等,数据可视化要经历包括数据采集、数据分析、数据治理、数据管理、数据挖掘在内的一系列复杂的数据处理过程,然后根据业务需求场景确定所采用的图形化方式,例如采用三维的还是二维的、静态的还是动态的、实时的还是交互式的等。

大数据可视化的概念有狭义上的理解和广义上的理解。从狭义上说,大数据可视化就是利用计算机图形学和图像处理技术将数据转换为图形或图像并在屏幕上显示出来,以进行各种交互处理的理论方法和技术。从广义上说,大数据可视化就是指一切能够把抽象、枯燥或难以理解的内容,包括看似毫无意义的数据、信息、知识等以一种容易理解的视觉方式展示出来的技术。

从技术上而言,大数据可视化涉及计算机图形学、图像处理、计算机视觉、计算机辅助设计等多个领域,是研究数据表示、数据处理、决策分析等一系列问题的综合技术。从处理过程而言,大数据可视化是指大型数据集中数据以图形图像形式表示,并利用数据分析和开发工具发现其中未知信息的过程。

6.1.2　大数据可视化的基本思想和手段

大数据可视化也是根据需求以及数据维度或属性进行筛选的,根据目的和用户群选择不同的表现方式。即使是相同的数据,也可以将其可视化成多种看起来截然不同的形式。例如,有的可视化目标是为了观测和跟踪数据,有的是为了分析数据,有的是为了发现数据之间的潜在关联,还有的是为了帮助用户快速理解数据的含义或变化等。因此,如何对海量复杂的数据集进行直观、生动、可交互的解释,其本身就是一门艺术。

大数据可视化技术的基本思想是将数据库中的每一个数据项作为单个图元素进行表示,大量的数据集构成了数据图像,同时将数据的各个属性值以多维数据的形式表示,可以从不同的维度观察数据,从而对数据进行更深入的观察和分析。

大数据可视化主要借助于图形化手段,以清晰有效地传达信息,但是这并不就意味着大数据可视化就一定要为了实现其功能用途而令人感到枯燥乏味,或者是为了看上去绚丽多彩而显得极其复杂。为了有效地传达思想观念,美学形式与功能需要齐头并进,通过直观地传达关键的方面与特征,从而实现对于相当稀疏而又复杂的数据集的深入洞察。然而,设计人员往往并不能很好地把握设计与功能之间的平衡,结果创造出了华而不实的数据可视化形式,无法达到其主要目的,即无法传达信息。只有数据可视化和美学的结合和并进才能实现可视化的功能需求且不烦琐枯燥,才能展现绚丽多彩的效果却又不过于复杂。

概括而言,数据可视化与信息图形、信息可视化、科学可视化以及统计图形密切相关。当前,在研究、教学和开发领域,数据可视化是一个极为活跃而又关键的方面。

6.1.3　大数据可视化的基本模型

大数据可视化的基本模型如图 6-1 所示,主要包括 Data Transformations、Visual

Mappings、View Transformations 等方面,具体分析如下。

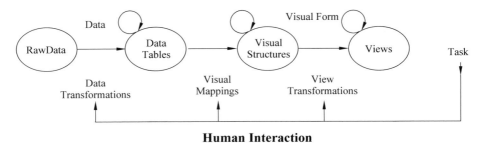

图 6-1　大数据可视化的基本模型

① 数据变换(Data Transformations)将原始数据(RawData)转换为数据表形式(Data Tables),以达到数据规范化的目的。

② 可视化映射(Visual Mappings)将数据表映射为可视化结构(Visual Structures),由空间基、标记以及标记的图形属性等可视化表征组成,从而构建数据的可视化结构。

③ 视图变换(View Transformations)将数据的可视化结构根据位置、比例、大小等参数进行设置并显示在输出设备(Views)上,以实现可视化输出。

6.1.4　可视化设计组件

所谓可视化数据,其实是指根据数值用标尺、颜色、位置等各种视觉隐喻的组合表现数据,例如深色和浅色的含义不同,二维空间中右上方的点和左下方的点含义不同。

可视化是从原始数据到条形图、折线图和散点图的飞跃。人们很容易会以为这个过程很方便,因为软件可以自动插入数据,立即就能得到反馈,其实在这中间还有一些步骤和选择,例如用什么图形编码数据、什么颜色对表达寓意和用途是最合适的。可以让计算机帮你做出所有选择以节省时间,但是如果你清楚可视化的原理以及整合与修饰数据的方式,就应该知道如何指挥计算机,而不是让计算机替你做出决定。对于可视化,如果你知道如何解释数据以及图形元素是如何协作的,则得到的结果通常比软件做得更好。

基于数据的可视化组件可以分为视觉隐喻、坐标系、标尺以及背景信息4种。不论在图的什么位置,可视化都是基于数据和这4种组件创建的。有时它们是显式的,而有时它们则会组成一个无形的框架。这些组件协同工作,对一个组件的选取也会影响到其他组件。

1. 视觉隐喻

可视化最基本的形式就是简单地把数据映射成彩色图形,它的原理就是大脑倾向于寻找模式,可以在图形和它所代表的数字之间来回切换。这一点很重要,必须确定数据的本质并没有在反复切换中丢失。如果不能映射回数据,则可视化图表就只是一堆无用的图形。所谓视觉隐喻,就是在可视化数据的时候用形状、大小和颜色编码数据。必须根据目的选择合适的视觉隐喻并正确地使用它,而这又取决于使用者对形状、大小和颜色的理解。看看

图 6-2,请问它展示了哪些视觉隐喻?

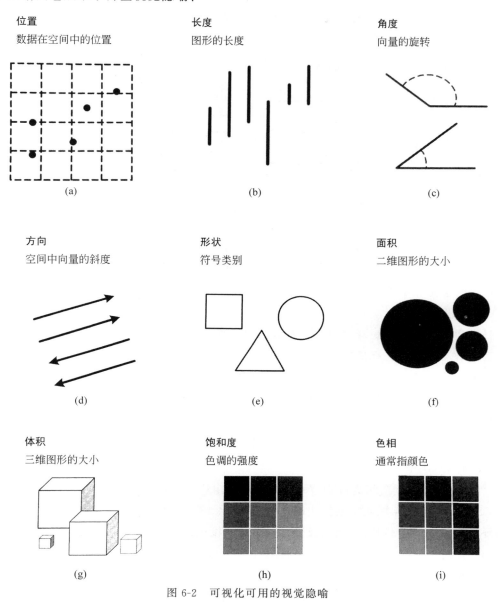

图 6-2　可视化可用的视觉隐喻

（1）位置

使用位置进行视觉隐喻时,需要比较给定空间或坐标系中数值的位置。如图 6-3 所示,在观察散点图的时候是通过一个数据点的 x 坐标和 y 坐标以及和其他点的相对位置进行判断的。

只用位置进行视觉隐喻的一个优势就是它往往比其他视觉隐喻占用的空间更少,因为可以在一个坐标平面中画出所有数据,每一个点都代表一个数据。与用尺寸大小比较数值的视觉隐喻不同,坐标系中所有点的大小都相同,在绘制大量数据后一眼就可以看出趋势、群集和离群值。

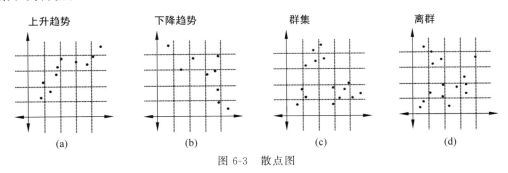

图 6-3　散点图

这是优势,同时也是劣势。在观察散点图中的大量数据点时,很难分辨出每一个点分别表示什么意思。即便是在交互图中,仍然需要将鼠标悬停在一个点上以获得更多信息,在点发生重叠时会更加不方便。

(2) 长度

长度通常用于条形图,条形越长,表示绝对值越大。在不同方向上,如水平方向、垂直方向或者圆的不同角度上都是如此。

长度是从图形一端到另一端的距离,因此要想用长度比较数值,就必须能看到线条的两端,否则得到的最大值、最小值以及中间的所有数值都会是有偏差的。

(3) 角度

角度的取值范围是 0～360°,构成了一个圆,包括 90°的直角、大于 90°的钝角和小于 90°的锐角;直线是 180°。

0～360°的任何一个角度都隐含着一个能和它组成完整圆形的对应角,这两个角被称作共轭,这就是通常用角度表示整体中的部分的原因。尽管圆环图常被当作是饼状图的近亲,但圆环图的视觉隐喻是弧长,因为弧长可以表示角度的圆心被切除了。

(4) 方向

方向和角度类似。角度是相交于一个点的两个向量,而方向则是坐标系中一个向量的方向,你可以看到上、下、左、右及其他所有方向。对变化大小的感知在很大程度上取决于标尺。例如,可以放大比例以让一个很小的变化看上去很大,同样也可以缩小比例以让一个巨大的变化看上去很小。有一个经验法则是:缩放可视化图表以使波动方向基本都保持在45°左右。如果某个变化很小但却很重要,则应该放大比例以突出差异;相反,如果某个变化很微小且不重要,则无须放大比例使之变得显著。

(5) 形状

形状和符号通常用在地图中,用来区分不同的对象和分类,地图上的任意一个位置都可以直接映射到现实世界,所以用图标表示现实世界中的事物是合理的。例如,可以用一些树表示森林,用一些房子表示住宅。在图表中,形状已经不像以前那样频繁地用于表示变化。不过,不同的形状比点能提供的信息更多。

（6）面积和体积

大的物体代表大的数值。长度、面积和体积分别可以用在二维和三维空间中,用来表示数值的大小。二维空间通常使用圆形和矩形,三维空间一般使用立方体或球体。也可以更为详细地标出图标和图示的大小。

一定要注意所使用的是几维空间。最常见的错误就是只使用一维（如高度）度量二维、三维的物体,却保持了所有维度的比例,这会导致图形过大或者过小,无法正确比较数值。

假设用正方形这个有宽和高两个维度的形状表示数据,则数值越大,正方形的面积就越大。如果一个数值比另一个大50%,你希望正方形的面积也大50%,然而一些软件的默认行为是把正方形的边长增加50%,而不是面积,这会得到一个非常大的正方形,其面积增加了125%,而不是50%。三维物体也有同样的问题,而且会更加明显。如果把一个立方体的长、宽、高各增加50%,则立方体的体积将会增加大约238%。

（7）颜色

颜色视觉隐喻分为两类,即色相（hue）和饱和度。这两者可以分开使用,也可以结合起来使用。色相就是通常所说的颜色,如红色、绿色、蓝色等。不同的颜色通常用来表示分类数据,每个颜色代表一个分组。饱和度是一个颜色中色相的量。假如选择红色,高饱和度的红会非常浓,随着饱和度的降低,红色会越来越淡。同时,使用色相和饱和度可以用多种颜色表示不同的分类,每个分类可以有多个等级。

对颜色的谨慎选择能给数据增添背景信息,因为不依赖于大小和位置,所以可以一次性地编码大量的数据。不过,要时刻考虑到色盲人群,确保所有人都可以解读图表。据统计,有将近8%的男性和0.5%的女性是红绿色盲,如果只用这两种颜色编码数据,则这部分使用者会很难理解可视化图表。可以通过组合使用多种视觉隐喻,使所有人都可以分辨出不同的表示。

（8）感知视觉隐喻

1985年,AT&T贝尔实验室的统计学家威廉·克利夫兰和罗伯特·麦吉尔发表了关于图形感知和方法的论文,其研究焦点是确定人们理解上述视觉隐喻（不包括形状）的精确程度,最终得出了从最精确到最不精确的视觉隐喻排序,即位置→长度→角度→方向→面积→体积→饱和度→色相。

很多可视化建议和最新的研究都基于这份清单。不论数据是什么,最好的办法就是确定人们能否很好地理解视觉隐喻,从而领会图表所传达的信息。

2. 坐标系

编码数据时,总需要把物体放到一定的位置。需要一个结构化的空间,还需要指定图形和颜色画在哪里的规划,这就是坐标系,它赋予XY坐标或经纬度以意义。坐标系分为直角坐标系(笛卡儿坐标系)、极坐标系和地理坐标系。

(1) 直角坐标系

直角坐标系是最常用的坐标系(如条形图或散点图),通常可以认为坐标被标记为(x,y)的 XY 值对。坐标的两条轴垂直相交,取值范围从负到正,组成了坐标轴。交点是原点,坐标值指示到原点的距离。举例来说,(0,0)点就位于两个坐标轴的交点,(1,2)点在水平方向上距离原点一个单位,在垂直方向上距离原点 2 个单位。

直角坐标系还可以向多维空间扩展。例如,三维空间可以用(x,y,z)三个值对替代(x,y)。可以用直角坐标系画几何图形,以使在空间中画图变得更为容易。

(2) 极坐标系

极坐标系(如饼状图)如图 6-4 所示,由一个圆形网格构成,最右边的点代表 0°,角度越大,沿逆时针旋转得越多。距离圆心越远,半径越大。

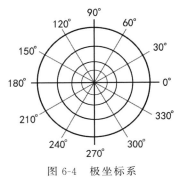

图 6-4　极坐标系

将某点置于最外层的圆上并增大角度,逆时针旋转到垂直线(或者直角坐标系的 Y 轴),就得到了 90°,也就是直角;再继续旋转 1/4 到达 180°;继续旋转直到返回起点,就完成了一次 360° 的旋转。沿着内圈旋转,半径会小很多。极坐标系没有直角坐标系用得多,但在需要表示的角度和方向很重要时,它会更有用。

(3) 地理坐标系

位置数据的最大好处就在于它与现实世界的联系,它能给相对于你的位置的数据点带来即时的环境信息和关联信息。用地理坐标系可以映射位置数据,位置数据的形式有许多,但通常都是用纬度和经度描述的,即相对于赤道和子午线的角度,有时还包含高度。纬度线是东西向的,标识地球上的南北位置。经度线是南北向的,标识地球上的东西位置。高度可被视为第三个维度。相对于直角坐标系,纬度就好比是水平轴,经度就好比是垂直轴。也就是说,地理坐标系相当于使用了平面投影。

绘制地表地图最关键的一点是要在二维平面上(如计算机屏幕)显示球形物体的表面。有多种不同的实现方法,如圆柱投影、圆锥投影、方位投影。当需要把一个三维物体投射到二维平面上时,经常会丢失一些信息,与此同时,其他信息则被保留了下来。不同的投影方式都有各自的优缺点。

3. 标尺

坐标系指定了可视化的维度,而标尺则指定了在每一个维度上的数据映射到哪里。标尺有很多种,如图 6-5 所示,可以用数学函数定义标尺,但是标尺总体可以分为三种,即数字标尺、分类标尺和时间标尺。标尺和坐标系共同决定了图形的位置以及投影的方式。

(1) 数字标尺

数字标尺分为线性标尺、对数标尺、百分比标尺等。无论处于坐标轴的什么位置,线性标尺上的间距处处相等。因此,在标尺的低端测量两点之间的距离和在标尺的高端测量的结果是一样的。然而,对数标尺是随着数值的增加而压缩的,对数标尺不像线性标尺那样被广泛使用。对于不常和数据打交道的人来说,对数标尺不够直观,也不好理解。但如果关心的是百分比变化,而不是原始计数,或者数值的范围很广,那么对数标尺还是很有用的。百分比标尺通常也是线性的,用来表示整体中的部分,其最大值是 100%(所有部分的总和是 100%)。

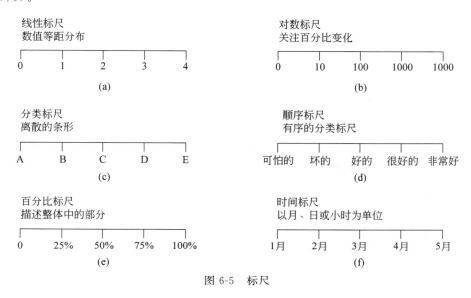

图 6-5 标尺

(2)分类标尺

数据并不总是以数字形式呈现的,它们还可以是分类的。分类标尺为不同的分类提供视觉分隔,通常和数字标尺一起使用。以条形图为例,可以在水平轴上使用分类标尺(例如 A、B、C、D、E),在垂直轴上使用数字标尺,这样就可以显示不同分组的数量和大小了。分类的间隔是随意的,和数值没有关系,通常会为了提高可读性而调整分类的顺序和数据背景信息。当然,也可以相对随意,但对于分类的顺序标尺而言,顺序就很重要了。例如,将电影的分类排名数据按从糟糕到非常好的顺序显示能帮助观众更轻松地判断和比较影片的质量。

(3)时间标尺

时间是连续变量,可以把时间数据画到线性标尺上,也可以将其分成月份或者星期这样的分类,作为离散变量处理。当然,时间也可以是周期性的,因为总有下一个正午、下一个星期六和下一个一月。和使用者沟通数据时,时间标尺带来了更多的好处,因为和地理地图一样,时间是日常生活的一部分。随着日出和日落,在时钟和日历中,人们每时每刻都在感受和体验着时间。

4. 背景信息

背景信息(可以帮助人们更好地理解与数据相关的 5W 信息,即何人、何事、何时、何地、为何)可以使数据更加清晰,并且能正确引导使用者。至少当一段时间过后回过头来再看数据的时候,背景信息可以提醒人们这张图在说什么。

有时,背景信息是直接画出来的,有时它们则隐含在媒介中,至少可以很容易地用一个描述性标题让使用者知道它们将要看到的是什么。请想象一幅呈上升趋势的汽油价格时序图,可以把它叫作"油价",这样会显得清楚明确;也可以称之为"上升的油价",以表达图片的信息;还可以在标题下方加上引导性文字以描述价格的浮动。

视觉隐喻、坐标系和标尺都可以隐性地提供背景信息。明亮、活泼的对比色和深的、中性的混合色所表达的内容是不一样的。同样,地理坐标系可以让人置身于现实世界的空间中,直角坐标系的坐标轴则只能让人停留在虚拟空间。对数标尺更关注百分比变化,而不是绝对数值。因此注意软件的默认设置是很重要的。

现在的软件越来越灵活,但是软件无法理解数据的背景信息。软件可以帮用户初步画出可视化图形,但还要由用户做出正确的选择,让计算机输出可视化图形。其中,一部分来自用户对几何图形及颜色的理解,更多的则来自练习以及从观察大量数据和评估不熟悉的数据中获得的经验,常识往往也很有帮助。

5. 整合可视化组件

如果单独看这些可视化组件,其实它们并没有那么神奇,它们只是漂浮在虚无空间里的一些几何图形而已。如果把它们放在一起,就得到了值得期待的完整的可视化图形。

举例来说,在一个直角坐标系中,水平轴上使用分类标尺,垂直轴上使用线性标尺,将长度作为视觉隐喻,这时便得到了条形图。在地理坐标系中使用位置信息则会得到地图中的一个个点。

在极坐标系中,半径使用百分比标尺,旋转角度使用时间标尺,将面积作为视觉隐喻,则可以画出极区图(即南丁格尔玫瑰图)。

本质上,可视化是一个抽象的过程,即把数据映射到了几何图形和颜色上。从技术角度看,这很容易做到。你可以很轻松地用纸和笔画出各种形状并涂上颜色,但难点在于你要知道什么形状和颜色是最合适的、画在哪里以及画多大是最准确的。

要完成从数据到可视化的飞跃,就必须知道自己拥有哪些原材料。对于可视化来说,视觉隐喻、坐标系、标尺和背景信息都是我们所拥有的原材料。视觉隐喻是人们看到的主要部分;坐标系和标尺可使其结构化,以创造出空间感;背景信息则为数据赋予了生命,使其更贴切,更容易被理解,从而更有价值。

在知道每一部分是如何发挥作用的之后,即可尽情发挥,并观察别人看图的时候得到了什么信息,不要忘了最重要的东西:没有数据,一切都是空谈。同样,如果数据很空洞,则得到的可视化图表也会是空洞的。即使数据提供了多维度的信息,而且粒度足够小,使你能观察到细节,那你也必须知道应该观察哪些信息。

数据量越大,可视化的选择就越多,然而很多选择可能是不合适的。为了过滤掉那些不合适的选择,则必须找到最合适的方法,要想得到有价值的可视化图表,则必须了解自己的数据。

6.2 科学可视化

科学可视化(Scientific Visualization 或 Scientific Visualisation)是科学界的一个跨学科研究与应用领域,主要关注三维现象的可视化,如建筑学、气象学、医学或生物学领域的各种系统,其重点在于对体、面以及光源等的逼真渲染,甚至包括某种动态成分。

6.2.1 科学可视化的概念

美国计算机科学家布鲁斯·麦考梅克在其 1987 年关于科学可视化的定义之中首次阐述了科学可视化的目标和范围:利用计算机图形学创建视觉图像,帮助人们理解科学技术概念或结果的那些错综复杂而又规模庞大的数字表现形式。

20 世纪 90 年代初期先后出现了许多不同的科学可视化方法和手段。

丹尼尔·塔尔曼(1990)将科学可视化称为数值模拟领域的新方法。科学可视化所集中关注的是几何图形、动画和渲染以及在自然科学和医学领域的具体应用。

1991 年,埃德·弗格森把科学可视化定义为一种方法学,即科学可视化是一门具有多学科性的方法学,其涉及的是在很大程度上相互独立而又彼此不断趋向融合的诸多领域,包括计算机图形学、图像处理、计算机视觉、计算机辅助设计、信号处理以及用户界面研究。科学可视化特有的目标是作为科学计算与科学洞察之间的一种催化剂以发挥作用。为满足日益增长且对于处理极其活跃而又非常密集的数据源的需求,科学可视化应运而生。

1992 年,布罗迪提出科学可视化是指通过对于数据和信息的探索和研究而获得的对于这些数据的理解和洞察。这也正是许多科学调查研究工作的基本目的。为此,科学可视化对计算机图形学、用户界面方法学、图像处理、系统设计以及信号处理领域中的方方面面加以了利用。

1994 年,克利福德·皮寇弗总结认为,科学可视化将计算机图形学应用于了科学数据,旨在实现深入洞察、检验假说以及对科学数据加以全面阐释。

科学可视化本身并不是最终目的,而是许多科学技术工作的一个构成要素。这些工作中通常包括对于科学技术数据和模型的解释、操作与处理。科学工作者对数据加以可视化,旨在寻找其中的种种模式、特点、关系以及异常情况;换句话说,也就是为了帮助理解。因此,应当把可视化看作是任务驱动型的,而不是数据驱动型的。

6.2.2 科学可视化方面的主题

科学可视化方面的主题应用有以下几个方面。

1. 计算机动画

计算机动画是利用计算机创建动态图像的艺术、方法、技术和科学。如今,计算机动画的创建工作越来越多地采用三维计算机图形学手段,但二维计算机图形学当前依然广泛应用于体裁化、低带宽以及更快的实时渲染等方面。有时,动画的目标载体就是计算机本身,而有时其目标则是其他介质(medium),如电影胶片(film)。另外,计算机动画有时又称计算机成像技术或计算机生成图像;在用于电影胶片的时候,计算机动画甚至还会被称为计算机特效。

2. 计算机模拟

计算机模拟又称计算机仿真,是指计算机程序或计算机网络试图对特定的系统模型进行模拟。对于许多系统的数学建模来说,计算机模拟已经成为有效实用的组成部分,这些系统包括物理学、计算物理学、化学以及生物学领域的天然系统,经济学、心理学以及社会科学领域的人类系统。在工程设计过程以及新技术中,计算机模拟旨在深入认识和理解这些系统的运行情况以及观察它们的行为表现。对某一系统同时进行可视化与模拟的过程称为视觉化(Visulation)(注意:视觉化不同于可视化)。

根据规模的不同,计算机模拟所需的时间也各不相同,包括从只需运行几分钟的计算机程序到需要运行数小时的基于网络的计算机集群,甚至需要持续不断运行数日之久的大型模拟集群。计算机模拟所模拟事件的规模已经远远超出了传统铅笔纸张式的数学建模所能企及的任何可能(甚至是任何可以想象的事情)。十多年前,关于一支军队攻打另一支军队的沙漠战役模拟采用了美国国防部高性能计算机现代化计划(High Performance Computer Modernization Program)的多台超级计算机。其中,在其模拟的科威特周边地区范围内,所建模的坦克、卡车以及其他交通工具就多达66 239辆。

3. 立体可视化

立体可视化又称体视化或三维可视化,研究的是一套旨在实现无须在数学上表达另一面(背面)的情况下查看对象的技术方法。立体可视化最初用于医学成像,如今已经成为许多学科领域的一项基本技术。当前,对于各种现象的描绘,如云彩、水流、分子结构以及生物结构,立体可视化已经成为不可或缺的一项技术方法。许多立体可视化算法都具有高昂的计算代价,需要大量的数据存储能力,硬件和软件方面的种种进展正在不断促进着立体可视化的发展。

6.2.3　科学可视化的应用

科学可视化主要面向科学及工程测量的、具有几何性质或结构特征的数据,利用计算机图形学、图像处理等技术将科学数据中蕴含的现象、规律等通过三维、动态模拟等方式表现出来,从而促进人们对数据的洞察和理解。目前,科学可视化的主要应用领域有分子建模、计算流体力学、空间探索、医学图像、地理信息、气象、石油、生物信息、有限元分析等,通过对科学数据进行解释和处理以使科学工作者寻找其中的模式、特点、关系等。科学可视化的研究重点在于如何设计和选择合理的显示方式,以使用户了解海量的多维数据及数据之间的相互关系等,其主要过程包括数据变换、映射、绘制/显示等步骤。其中,变换是指对数据进行预处理,例如在庞大的数据量中只提取与可视目标相关的信息以减少数据量、通过几何变换对点的坐标进行缩放、通过拓扑变换调整网格点的连接关系等;映射是整个科学可视化的核心,即设计合理的可视化方案和算法,例如二维标量场景等值线抽取算法、断层间表面重构算法、等值面生成和绘制算法、体绘制算法等;绘制/显示是科学可视化的最后一个步骤,主要是将上述可供绘制的元素转换成图像,最后绘制在屏幕或其他介质上。

目前,科学可视化在自然科学、地理学与生态学、应用科学上都有较多的应用。

6.3　信息可视化

信息可视化(Information Visualization)是一个跨学科领域,旨在研究大规模非数值型信息资源(如软件系统中众多的文件或者一行行的程序代码)的视觉呈现方式,通过利用图形图像方面的技术与方法帮助人们理解和分析数据。与科学可视化相比,信息可视化侧重于抽象数据集,如非结构化文本或者高维空间中的点(这些点并不具有固定的二维或三维几何结构)。

6.3.1　信息可视化的概念

信息可视化囊括了数据可视化、信息图形、知识可视化、科学可视化以及视觉设计方面的所有发展与进步。在这种层次上,如果加以充分和适当的组织整理,那么任何事物都是一类信息:表格、图形、地图甚至包括文本在内,无论其是静态的还是动态的,都将为人们提供某种方式或手段,让人们能够洞察其中的究竟,找出问题的答案,发现形形色色的关系,甚至理解在其他情况下不易发觉的事情。不过,如今在科学技术研究领域,信息可视化这个术语一般适用于大规模非数字型信息资源的可视化表达。

信息可视化致力于创建那些以直观方式传达抽象信息的手段和方法。可视化的表达形式与交互技术则是利用人类的眼睛可以通往心灵深处的优势,使用户能够目睹、探索甚至立即理解大量的信息。

在信息可视化中,所要可视化的数据并不是某些数学模型的结果或者大型数据集,而是具有自身固有结构的抽象数据,此类数据包括以下几种。

① 编译器等各种程序的内部数据结构或者大规模并行程序的踪迹信息。

② WWW 网站内容。

③ 操作系统文件空间。

④ 从各种数据库查询引擎中返回的数据,如数字图书馆。

信息可视化领域的另一个特点就是所要采用的工具有意侧重于广泛可及的环境,如普通工作站、WWW、PC 等。这些信息可视化工具并不是为价格昂贵的专业化高端计算设备而定制的。

6.3.2　信息可视化的应用

信息可视化主要面向大规模非数值型信息资源,即那些本身没有几何属性和明显空间特征的抽象、非结构化的数据集合,如文本信息、语音信息、视频信息等。信息可视化利用图形图像方面的技术与方法将抽象数据通过可视的形式表示出来,帮助人们理解和分析数据,从而发现数据中隐藏的特征、关系和模式等。信息可视化的关键就是如何将数据通过有意义的图形表示出来,其主要过程包括对数据进行描述,再利用可视化方法对数据进行表示,从而挖掘数据内在的有用信息,然后利用特征提取、特征优化、模式识别、数据挖掘等手段对信息进行处理,最终增强人们对抽象信息的认识或辅助人们得出某种结论性观点。

信息可视化日益成了不同领域的关键要素,总体而言,在科学技术研究、数字图书馆、数据挖掘、财务数据分析和市场研究、生产制造过程的控制以及犯罪地图学领域都有广泛的应用。

6.3.3　信息实时可视化

很多信息图提供的信息从本质上看是静态的。通常,制作信息图需要花费很长的时间和很多的精力,它需要数据,需要展示有趣的故事,还需要通过图表将数据以一种吸引人的方式呈现出来。但是工作到这里还没有结束,图表只有经过发布、加工、分享和查询之后才具有真正的价值。当然,到那时数据已经成了几周或几个月前的旧数据了。那么,在展示可视化数据时要怎样在吸引人的同时又保证其时效性呢?

数据要想具有实时性价值,必须满足以下三个条件。

① 数据本身必须有价值。

② 必须有足够的存储空间和计算机处理能力以存储和分析数据。

③ 必须利用一种巧妙的方法及时将数据可视化,而不用花费几天或几周的时间。

想了解数百万人如何看待实时性事件,并将他们的想法以可视化的形式展示出来的想法看似遥不可及,但其实很容易达成。

【案例链接】　在过去几十年里,美国总统选举过程中的投票民意测试都需要测试者打电话或亲自询问每个选民的意见。通过将少数选民的投票和统计抽样方法结合起来,民意测试者就能预测选举的结果,并总结出人们对重要政治事件的看法。但今天,大数据正改变着调查方法。

捕捉和存储数据只是推特这样的公司所面临的大数据挑战中的一部分。为了分析这些数据,公司开发了推特数据流(tweet stream),即支持每秒发送 5000 条或更多推文的功能。在特殊时期,如总统选举辩论期间,用户发送的推文更多,大约每秒 2 万条。然后公司又要分析这些推文所使用的语言,找出通用词汇,最后将所有数据以可视化的形式呈现出来。

要处理数量庞大且具有时效性的数据很困难,但并不是不可能。推特为大家熟知的数据流入口配备了编程接口。像推特一样,Gnip 公司也开始提供类似的渠道。其他公司如

BrightContext 提供了实时情感分析工具。在 2012 年总统选举辩论期间,《华盛顿邮报》在观众观看辩论的时候使用 BrightContext 的实时情感模式调查和绘制情感图表。实时调查公司 Topsy 将大约 2000 亿条推文编入了索引,为推特的政治索引提供了被称为 Twindex 的技术支持。Vizzuality 公司专门绘制地理空间数据,并为《华尔街日报》的选举图提供技术支持。

与电话投票耗时长且每场面谈通常要花费大约 20 美元相比,上述实时调查只需花费几个计算周期,并且没有规模限制。另外,它还可以对收集到的数据及时进行可视化处理。

信息实时可视化并不只是在网上不停地展示实时信息。"Google Glasses"被《时代周刊》评为 2012 年最重要的发明:"它被制成一副眼镜的形状,增强了现实感,使之成为日常生活的一部分。"Google Glasses 不仅可以在计算机和手机上观看可视化呈现的数据,还能让用户一边四处走动,一边设想或理解这个世界。

6.3.4　信息可视化与科学可视化的关系

信息可视化与经典的科学可视化是两个彼此相关的领域,但二者却有所不同。当前,关于科学可视化和信息可视化之间的边界问题还没有达成明确清晰的共识。不过,大体上来说,这两个领域之间存在着以下区别。

① 科学可视化处理的是那些具有天然几何结构的数据,例如具有地理结构的数据、MRI 数据、气流数据。

② 信息可视化处理的是抽象数据结构,例如树状结构、图形结构等。

6.4　数据可视化的应用

人类对图形的理解能力非常独到,往往能够从图形中发现数据的一些规律,而这些规律用常规的方法是很难发现的。在大数据时代,数据量变得非常大,而且非常烦琐,要想发现数据中包含的信息或者知识,可视化是最有效的途径之一。

数据可视化可以根据数据的特性,如时间信息和空间信息等找到合适的可视化方式,例如图表(Chart)、图(Diagram)和地图(Map)等将数据直观地展现出来,以帮助人们理解数据,同时找出包含在海量数据中的规律或信息。数据可视化是大数据生命周期中的最后一步,也是最重要的一步。

6.4.1　数据可视化的运用

数据可视化的应用分为以下 5 个方面。
① 大型企业软件供应商应用。
② 最优性能应用。
③ 流行的开源工具。

④ 设计公司。

⑤ 创业公司、网络服务以及其他资源。

这5种类别完全不同,但它们之间存在着一定程度的重叠。例如,设计公司利用开源工具 D3.js 为其客户建立交互式可视化应用;统计学家用 R 语言抓取数据,然后用 Teradata 美化数据;最优性能数据可视化应用联合其他工具从传统数据库、数据仓库和 API 中频繁抽取数据等。

1. 大型企业软件供应商应用

长期以来,诸如 IBM、Oracle、SAP、Microsoft、SAS 等公司已经开发了相关产品,帮助客户管理和理解企业信息。除了打造自身产品,这些企业在不同程度上也在积极并购具有竞争性或补充性的数据管理、报表和可视化产品。即使没有推出数据可视化相关产品品牌,但几乎每个企业都已经能够图形化地呈现它们的原始数据了。表6-1 展示了主要软件厂商提供的一些成熟有效的应用软件产品。

表 6-1　主流软件供应商的数据可视化和 BI 产品

厂　　商	可选的数据可视化产品
Actuate	创建基于网络交互性的 BI 报表工具。Actuate 也是著名的跨平台自由集成开发环境(商业智能和报表工具)Eclipse 项目的创始者和共同领导者
IBM	Cognos PowerPlay 和 Impromptu、SPSS Modeler、ManyEyes
Microsoft	包括 SQL 服务器报表服务、Excel 和 Access
MicroStrategy	可视化洞察(Visual Insight)和同名的 BI 平台
SAP	BusinessObjects BI OnDemand、SAP Lumira Cloud
SAS	统计分析与动态数据可视化结合的 JMP
Teradata	Aster 可视化模块

大型企业软件供应商在数据可视化及其相关产品方面做了大量创新,更重要的是,随着数据可视化变得越来越重要以及数据流的不断增长,这种趋势还在不断加速发展。例如,Microsoft 的 Excel 几乎是每台企业计算机上必备的基本应用。除了提高行的数量上限之外,过去几年,Microsoft 对 Excel 进行了补充和完善。总体来说,这些补充和完善为新的数据源提供了新的功能支持。例如,Power Map 是一款三维数据可视化工具,是 Microsoft 基于云端商业智能解决方案(Power BI)的一个组件,这个工具可以对地理和时间数据进行绘图、动态呈现和互动操作,目前可以使用在 Excel 2013 版本上,以 COM 加载项的方式提供调用。

Power Map 用来在地图上显示数据,数据中包含的地理信息可以是经纬度数据,也可以是国家、省份、城市等地理名称,甚至可以是街道地址或邮政编码,这些地理信息都能被 Power Map 自动识别。如果想要同时展现数据在时间范围上的变化情况,例如台风云团的形成和移动路径、车辆的移动轨迹等,则需要在数据中包含日期或时间字段,并且必须使用 Excel 能够识别的日期格式数据。新功能为 Excel 提供了 3D 数据可视化,为人们提供了观察信息的新的有力方式,使得人们能够发现 2D 表格和图形时代所不可能发现的数据规律。

可见,就像所有软件供应商一样,Microsoft 意识到其工具必须持续改进,并且需要持续支持不断出现的新数据源。

总体来说,表 6-1 中的数据可视化应用与各厂商现有的企业级数据库和数据仓库基本上能够无缝集成。通常,某个软件厂商的一个产品要与其另一产品进行"对话"应该不会太困难,混搭和匹配也不存在问题。只需单击几下,加上 IT 部门的配合,利用厂商 A 的应用从存储在厂商 B 的数据库中抽取数据以创建一张报表其实也十分简单。即使在非正常情况下,开发人员和 IT 专业人员也可以通过非常规方式建立联系,以实现数据连接。

2. 最优性能应用

20 世纪 90 年代和 21 世纪初,技术界出现了很多企业并购行动。例如,IBM、Microsoft、Cisco、SAP、SAS 以及 Oracle 等技术巨头公司在企业安全、CRM、ERP、BI 及其他领域吞并了数百家专业厂商。引发这些交易的原因虽然不同,但是总体而言,可分为以下三种情况。

① 通过其他厂商的产品补充和完善自己的现有产品。

② 在很多情况下,这些交易用来平衡现有客户和厂商之间的关系,因为很多客户喜欢一站式购买和一点接触。

③ 资金紧张的厂商发现购买竞争性技术以及相关人才要比自己研究和培养容易得多。

就数据可视化而言,Tableau 可以算作是业内翘楚,它服务着 1 万多家客户,包括 Facebook、eBay、Manpower、Pandora 及其他著名公司。与 Microsoft 不同,Tableau 并不销售和生产应用、游戏机以及关系数据库,它提供的产品范围并不广,但是其产品做得很透彻,Tableau 只销售数据可视化应用。

Tableau 可能是市场上最普及、最优秀的数据可视化工具,但是它也面临很多竞争。例如,Qliktech 通过其旗舰产品推出的产品自助服务 BI,TIBCO Spotfire 为下一代商业智能设计、研发和推广的内存分析软件,还有其他企业,如 Birst、ChartBeat、Panopticon、GoodData、Indicee、PivotLink 以及 Visually 等,这些公司都聚焦于数据可视化,虽然它们各自采取了不同的方式。

通常,评估一个工具是否优秀的基本要素是成本、易用性和员工培训,以及与大数据的整合。

(1) 成本

在大型企业软件供应商和诸如 Tableau 等专业公司之间一些企业同样使用数据可视化工具,它们也存在很大的不同。大体而言,前者卖得相当贵,通常是大多数小企业和创业公司不可企及的。当然,如今开源软件、SaaS 以及基于云的产品已经大幅拉平了竞争差距。新进入的最优性能数据可视化工具通常成本更低且功能更完善。

（2）易用性和员工培训

任何一个新项目的开展都需要进行一定程度的员工培训。以 Visually 为例，作为一种工具，Visually 强大直观，能够一站式地创建强大的数据可视化和信息图，且应用广泛，认同者甚多。

Visually 的客户寻求的是范围完整的数据可视化类型，大多数客户需要能够用图表呈现数据、以图解或图形化方式表达过程和概念的信息图。一些客户则需要交互式的可视化，范围为从地图到时间轴的定制性可视化。动态图形近年来大为流行，因为它们特别能吸引观众，其讲述故事的能力也极为出色。最后，其他客户则需要借助工具演示陈述季度报告或其他需要实现数据信息有效传达的内部文档。

但是对于任何新的应用来说，仍然存在一条学习曲线，Visually 也不例外。

（3）与大数据的整合

与大型企业软件供应商所提供的产品相比，最优性能数据可视化应用可能并不能提供同样的本地化、最优化以及与第三方数据库和数据仓库的直接整合能力，因此造成了几个严重问题：次优先级别的连接、ETL（抽取、转换、上载）工作、笨拙的方法等，这些问题使得用户采集数据、以可视化方式展现数据以及制定商业决策等需要更长的时间。然而在大数据时代，需要的是病毒视频营销、限时抢购、热门话题和极速绝杀。

在意识到这个局限后，最佳数据可视化厂商迅速建立了连接各种数据源的桥梁，它们也支持数量越来越多的 API。例如，Tableau 已经与一些数据库公司建立了合作伙伴关系，包括大型数据仓库和 BI 厂商 Teradata 等。Tableau 也与 Teradata 的重点产品进行了直接的无缝集成。

与传统企业数据库和数据仓库的集成很重要，但这还不够。至少从传统意义上而言，很多大型公司已无须再将"全部"数据存储在企业内部。可视化组织越来越需要能够超越关系型数据并与实时大数据服务密切整合的工具，这些工具很多都基于云之上。正因如此，2013年7月，Tableau 就宣布推出在线 Tableau，即基于网络的服务，这种方式能够对主要的大数据源进行快速便捷的导入以及连接。

- 已经放在在线应用的数据能够被直接复制到 Tableau 内进行抽取。
- 可以直接查询 Amazon Redshift 和 GoogleBig Query 中的数据。
- 利用厂商提供的工具可以将数据中心内部部署的数据导入 Tableau 在线服务。

其实，一些规模远不及 Tableau 的数据可视化创业公司也已经意识到与企业数据及外部数据源进行便捷整合的价值和重要性。例如，2013年7月，创业公司 DataHero 宣布其用户能够从它们的 SurvcyMonkcy 账户中通过 API 将数据自动导出（DataHero 也支持 MailChimp、Dropbox、BOX.Net、Strip 及其他流行的 API 服务）。通过与调查响应数据的便捷连接，用户能够实时地对动态可视化进行观察，并有可能获得对客户行为的关键和实时洞察。

3. 流行的开源工具

成本高昂的企业级解决方案和专用性强的最优性能应用分别代表完全可行的两种数据可视化情况。这里还存在着第三种情况,即有大量免费开源方案可以用来支撑数据可视化应用,如 D3.js、Gephi 等。

（1）D3.js

D3.js 处理的是基于数据文档的 JavaScript 库。D3.js 利用诸如 HTML、Scalable Vector Graphic 以及 Cascading Style Sheets 等编程语言让数据变得更加生动。通过对网络标准的强调,D3.js 赋予用户当前浏览器更完整的能力,无须与专用架构进行捆绑,而是将强有力的可视化组件和数据驱动手段与文档对象模型（Document Object Model,DOM）操作进行融合。

D3.js 数据可视化工具的设计在很大程度上受到了 REST Web APIs 的影响。根据以往的经验,创建一个数据可视化需要经历以下过程。

- 从多个数据源汇总全部数据。
- 计算数据。
- 生成一个标准化、统一的数据表格。
- 对数据表格创建可视化。

REST APIs 已将这个过程流程化,使得从不同数据源迅速抽取数据变得非常容易。D3.js 就是专门用来处理源于 JSON API 的数据响应的,并将其作为数据可视化流程的输入。这样,可视化能够实时创建并在任何能够呈现网页的终端上展示,使得当前信息能够及时传给每一个人。

（2）Gephi

Gephi 被称为开放的图表及可视化平台,支撑用户创建、探索和理解图表。相较于仅仅是由图形和数据呈现的 Photoshop,Gephi 能支持各种不同的网络和复杂系统,可以帮助用户创建动态的、层次丰富的图表。

Gephi 起创于 2009 年的一个大学生项目,目前已迅速成为一个对可视化和分析,尤其是大型网络颇具价值的开源软件资源。现在,Gephi 使得成千上万的用户可以创建并检验假设、深入探寻模式,使观测异常值和偏差值变得十分容易。可以将 Gephi 想象成统计辅助工具（Gephi 还能与 R 语言进行整合）。

（3）其他

还有两个著名的开源 BI 解决方案 Jaspersoft 和 Pentaho。确切地说,它们并不完全是数据可视化应用,但是上百万的用户都下载了这些工具,并将它们用于解释数据和理解业务问题。

这些开源工具所代表的仅仅是数据可视化和软件程序的冰山一角。

4. 设计公司

随着大数据的爆发,信息图（尤其是在新闻网站）、数据可视化工具以及设计公司逐渐兴起,如 Stamen 和 Lemonly 公司。Stamen 已经凭借其在商业、文化设施等不同领域开发的巧妙且颇具技术难度的项目而打响了品牌。

Lemonly 制作了生动的信息图、数据可视化、交互式图表甚至视频展示,这家公司的网站也明确地概括了其目标:"我们使得数据更易理解,从信息图到视频再到交互式设计,我们帮您将柠檬调制成了柠檬汁。"Lemonly 持续推进着设计的边界,即使非常小的数据集,Lemonly 也能将其以生动的方式进行可视化呈现。

当然,专为数据可视化目的而聘请一家设计公司既有利,也有弊。与不同公司的数据可视化专家签订合同可能能够迅速见到激动人心的结果。确切地说,一家企业若想为实现数据可视化而奋斗,与雇佣一个要价不菲的专家团队相比,它们肯定更愿意接受分别与一家家公司签约的方式。专业设计师通常能够找到更强有力、更创新的方式展示数据,因为他们所具备的技能、经验、工具和视角是企业现有员工所缺乏的。无数企业都利用设计公司创建了有效的定制化数据可视化应用。

5. 创业公司、网站服务以及其他资源

目前,大多数企业主要还是利用瀑布式(自上而下)的方法进行应用部署,因此对于 ERP、CRM、BI 以及内部技术的整个部署过程花费数年也属正常情况。

当前处于一个实时连接、宽带接入、创业成本历史最低,社交网络、云计算、SaaS、敏捷软件开发、APIs、SDKs、大数据、开源软件、BYOD 的免费增值商业模式的时代。一方面,无尽的数据流和技术暂时有点让人惊慌,另一方面,人们可以获得强大、用户友好且极为便宜(即使并非免费)的数据可视化资源。

除新的创业型开源项目外,也不乏有许多有关数据可视化实践的网站和博客。其中,非常惹人注目的是 Tableau Love 和 Tableau Jedi。

留意谁在使用一些特定的工具以及为什么使用是十分重要的。例如,R 语言在统计学团体中十分流行,因为它可以帮助这些团体不断发展,所以对于统计学家来说,R 语言更易理解;对于数学家来说,MATLAB 更易理解;对于艺术家和设计师来说,Processing 更易理解;而对于金融人士和更广泛的公众而言,Excel 更易理解。而 D3.js 被大量、迅速地推广和采用的部分原因在于其灵活性,更重要的是,D3.js 是一个通用平台,即为网络而设计的。无论如何,要想成功地在大数据时代遨游,不同的受众所需要的工具是不同的。

6.4.2 信息可视化的挑战

按任务分类的数据类型有助于组织人们对问题范围的理解,但为了创建成功的工具,信息可视化的研究人员仍有很多挑战需要面对,这些挑战如下。

(1)导入和清理数据

决定如何组织输入数据以获得期望的结果所需要的思考和工作通常比预期得多。使数据有正确的格式、过滤掉不正确的条目、使属性值规格化和处理丢失的数据也是繁重的任务。

（2）把视觉表示与文本标签相结合

视觉表示是强有力的，但有意义的文本标签也起到很重要的作用。标签应该是可见的，不应遮挡显示或使用户困惑。屏幕提示和标签相结合的方法经常能够为用户提供帮助。

（3）查找相关信息

通常需要多个信息源以做出有意义的判断。专利律师想要看到相关的专利，基因簇学研究人员想要看到基因簇在细胞形成过程的各个阶段如何一致地工作等。在发现过程中对意义的追寻需要对丰富的相关信息源进行快速访问，这需要对来自多个信息源的数据进行整合。

（4）查看大量数据

信息可视化的一般挑战是处理大量的数据。很多创新的原型仅能处理几千个条目，当处理数量更大的条目时则难以保持实时交互性。显示数百万条目的动态可视化证明，信息可视化尚未达到人类视觉能力的极限，用户控制的聚合机制将进一步突破性能极限。较大的显示器能够有所帮助，因为额外显示的像素使用户能够在看到更多细节的同时保持合理的概览。

（5）集成数据挖掘

信息可视化和数据挖掘起源于两条独立的研究路线。信息可视化的研究人员相信能够让用户的视觉系统引导他们形成假设的重要性，而数据挖掘的研究人员则相信能够依赖统计算法和机器学习发现更有趣的模式。一些消费者的购买模式，诸如商品选择之间的相关性仅通过适当可视化就会突显出来。然而，统计实验有助于发现在顾客需求或人口统计的连接方面的更微妙的趋势。研究人员正在逐渐把这两种方法结合在一起。就客观本性来说，统计汇总是有吸引力的，但它们能够隐藏异常值或不连续性（像冰点或沸点）。另外，数据挖掘可能把用户指引到数据的更有趣的部分，然后使它们能够在视觉上被检查。

（6）集成分析推理技术

为了支持评估、计划和决策，视觉分析领域强调信息可视化与分析推理工具的集成。业务与智能分析师使用来自搜索和可视化的数据与洞察力作为支持或否认有竞争性的假设的证据。他们还需要工具快速产生分析的概要和与决策者交流他们的推理，决策者可能需要追溯证据的起源。

（7）与他人协同

发现是一个复杂的过程，它依赖于知道要寻找什么、通过与他人协同验证假设、注意异常和使其他人相信发现的意义。因为对社交过程的支持对信息可视化是至关重要的，所以软件工具应该使记录当前状态、带有注释的数据能够更容易地发送给同事或张贴到网站上。

（8）实现普遍可用性

当可视化工具被公众使用时，必须使该工具可以被多种多样的用户使用，不论他们的生活背景、工作背景、学习背景或技术背景如何，但这一点仍是设计人员面临的巨大挑战。

（9）评估

信息可视化系统是十分复杂的。分析不是一个孤立的短期过程,用户可能需要长期地从不同视角观察相同的数据。用户或许还能阐述和回答他们在查看可视化之前未预料到的问题(使得难以使用典型的实证研究技术)。虽然最后发现了能够产生巨大影响的结果,但它们极少发生且不太可能在研究过程中被观察到。基于洞察力的研究是第一步。案例研究报告指出,在自然环境中完成真实任务的用户能够发现用户之间的协同、数据清理的挫折和数据探索的兴奋感,并且他们能报告使用频率和获得的收益。案例研究的不足是信息可视化非常耗费时间且可能不是可重复的或可应用于其他领域的。

6.5 大数据可视化分析

大数据分析是大数据研究领域的核心内容之一。通常,数据的分析过程往往离不开机器和人的相互协作与优势互补。从这一立足点出发,大数据分析的理论和方法研究可以从两个方面展开：一是从机器或计算机的角度出发,强调机器的计算能力和人工智能,以各种高性能处理算法、智能搜索与挖掘算法等为主要研究内容,如基于 Hadoop 和 MapReduce 框架的大数据处理方法以及各类面向大数据的机器学习和数据挖掘方法等,这也是目前大数据分析领域的研究主流；二是从人作为分析主体和需求主体的角度出发,强调基于人机交互的、符合人的认知规律的分析方法,意图将人所具备的、机器并不擅长的认知能力融入分析过程,这一研究分支以大数据可视化分析(Visual Analytics of Big Data)为主要代表。

6.5.1 数据类型

按任务分类的数据类型包括 7 个基本数据类型和 7 个基本任务。基本数据类型有一维、二维、三维或多维；结构化更强的数据类型有时态的、树状的和网状的。这种简化对于描述已被开发的可视化和表示用户所遇到的问题类别的特征是有用的。例如,对于时态数据,用户只须处理事件和间隔,人们关心的问题是之前、之后或之中。对于树状结构的数据,用户需要处理内部节点上的标签和叶节点的值,关心的问题是关于路径、层次和子树的。

1. 一维线性数据

线性数据类型是一维的,包括程序源代码、文本文档、字典和按字母顺序排序的名字列表,这一切均能按顺序方式组织。对程序源代码来说,是一个像素/字符的大量压缩所产生单个显示器上的数以万计的源程序代码行的紧凑显示。属性,诸如最近修改日期或作者名可能被用于颜色编码。界面设计问题包括使用何种颜色、大小和布局以及给用户提供何种概览、滚动或选择方法。用户的任务可能是查找条目的数量、查看具有某些属性的条目等。

2. 二维地图数据

平面数据包括地理图、平面布置图和报纸版面。集合中的每个条目覆盖整个区域的某个部分,每个条目都有任务域属性(如名字、所有者和值)和界面域特征(如形状、大小、颜色和不透明度)。

很多系统都采用多层方法处理地图数据,但每层都是二维的。用户的任务包括查找邻近条目、包含某些条目的区域和两个条目之间的路径以及执行 7 个基本任务。例如人们所熟知的地理信息系统,它就是一个庞大的研究和商用领域。

3. 三维世界数据

现实世界中的对象,如分子、人体和建筑物都具有体积和与其他条目的复杂关系。计算机辅助的医学影像、建筑制图、机械设计、化学结构建模和科学仿真用来处理这些复杂的三维关系。用户的任务通常是处理连续变量,如温度或密度。结果经常被表示为体积和表面积,用户关注左/右、上/下和内/外的关系。在三维应用程序中,当观察对象时,用户必须观察对象的位置和方向,处理遮挡与导航的潜在问题。

使用增强的三维技术的解决方案,如概览、地标、远距传物、多视图和有形用户界面正在设法进入研究原型和商业系统中。成功的例子包括帮助医生计划手术的声波图医学影像和使购房者了解建成的房屋看上去将是什么样子的建筑模型。三维计算机图形和计算机辅助设计工具有很多,但三维信息可视化工作仍有待进一步研究和开发。

除了一维线性数据、二维地图数据和三维世界数据之外,还有多维数据、时态数据、树状数据、网状数据等数据类型。

6.5.2 基本任务

分析数据可视化的第二个框架包含用户通常执行的 7 个基本任务。

1. 概览任务

概览任务指用户能够获得整个集合的概览。概览策略包括每个数据类型的缩小视图,这种视图允许用户查看整个集合,加上邻接的细节视图。概览可能包含可移动的视图域框,用户用它控制细节视图的内容,缩放因子为 3~30。重复中间视图的策略使用户能够设置更大的缩放因子。另一种流行的方法是鱼眼策略,即变大一个或更多的显示区域,但几何缩放因子必须被限制为 5 左右,或针对可使用的上下文使用不同的表示等级。

2. 缩放任务

缩放任务指用户能够放大感兴趣的条目。用户通常对集合中的某个部分感兴趣,他们需要利用工具以控制缩放焦点和缩放因子。平滑的缩放有助于用户保持位置感和上下文。用户能够通过移动缩放条控件或通过调整视图域框的大小一次性地在多个维度上进行缩放。令人满意的放大方式是先指向一个位置,然后发布一个缩放命令,通常通过鼠标实现。缩放在针对小显示器的应用程序中特别重要。

3. 过滤任务

过滤任务指用户能够过滤掉其不感兴趣的条目。应用于集合中的条目的动态查询是构成信息可视化的关键思想之一。当用户控制显示的内容时,他们能够通过去除不想要的条目而快速集中注意力,通过滑块或按钮能快速执行显示更新,并可以跨显示器动态突出地显示其感兴趣的条目。

4. 按需细化任务

按需细化任务指用户能够选择一个条目或一个组以获得细节。一旦集合被修剪到只有几十个条目,浏览该组或单个条目的细节就应该是容易的。常用的方法是仅在条目上单击,然后在弹出的窗口中查看细节。按需细化窗口可能包含更多信息的链接。

5. 关联任务

关联任务指用户能够关联集合内的条目或组。与文本显示相比,视觉显示的吸引力在于它可以利用人类处理视觉信息的感知能力。在视觉显示中可以按接近性、包容性、连线或颜色编码显示关系。突出显示技术用于引起对有数千个条目的域中的某些条目的注意。指向视觉显示允许快速选择,且反馈是明显的。用户也许还想把多种可视化技术结合在一起,这些技术是紧耦合的,一个视图中的动作会触发其他所有耦合视图中的动作的立即改变。

6. 历史任务

历史任务指用户能够保存动作历史以支持撤销、回放和逐步细化。通过单个动作就得到想要的结果的情况是少有的,信息探索本来就是一个有很多步骤的过程,所以保存动作的历史并允许用户追溯其步骤是很重要的。历史任务在信息检索系统建模方面会得到进一步的发展,通过保留搜索序列可以使这些搜索能够被组合或细化。

7. 提取任务

提取任务指用户能够进行子集和查询参数的提取。一旦用户获得了他们想要的条目或条目集合,对他们有用的是提取该集合并保存它、通过电子邮件发送它或把它插入统计或呈现的软件包中。人们还可以发布这些数据,以便其他人用可视化工具的简化版本进行查看。

6.5.3　大数据可视化分析方法

大数据可视化分析是大数据分析中不可或缺的重要手段和工具。事实上,在科学计算可视化领域以及传统的商业智能领域,可视化一直都是重要的方法和手段。

可视化分析(Visual Analytics)是科学/信息可视化、人机交互、认知科学、数据挖掘、信息论、决策理论等研究领域的交叉融合所产生的新的研究方向。大数据可视化分析是指在利用大数据自动分析挖掘方法的同时,利用支持信息可视化的用户界面以及支持分析过程的人机交互方式与技术有效地融合计算机的计算能力和人的认知能力,以获得对于大规模复杂数据集的洞察。

大数据可视化分析方法总体可以归纳为以下几类。

1. 原位交互分析方法

原位交互分析方法是指在进行大数据可视化分析时将内存中的数据尽可能多地进行分

析。对于 PB 级以上的数据,将数据存储于磁盘进行分析的处理方式已不适合。与此相反,可视化分析则在数据仍在内存中时就会对其做尽可能多的分析。这种方式能极大地减少I/O 的开销,并且可实现数据使用与磁盘读取比例的最大化。然而应用原位交互分析也会出现下述问题。

① 由于人机交互减少,从而容易造成整体工作流中断。

② 硬件执行单元不能高效地共享处理器,导致整体工作流中断。

2. 大数据存储方法

大数据是云计算的延伸,云服务及其应用的出现深刻地影响了超大规模数据库与存储。目前流行的 ApacheHadoop 架构已经支持在公有云端存储 EB 级数据的应用。许多互联网公司都已经开发出了基于 Hadoop 的 EB 级超大规模数据应用。一个基于云端的解决方案可能满足不了 EB 级数据处理。其中,一个主要的问题是每千兆字节的云存储成本仍然显著高于私有集群中的硬盘存储成本;另一个问题是基于云的数据库的访问延时和输出始终受限于云端通信网络的带宽。不是所有的云系统都支持分布式数据库的 ACID 标准。对于Hadoop 软件的应用,这些需求必须在应用软件层实现。

3. 并行计算

并行处理可以有效减少可视化计算所占用的时间,从而实现数据分析的实时交互。多核的计算体系结构的每个核所占有的内存也将减少,在系统内移动数据的代价也将提高。为了发掘并行计算的潜力,许多可视化分析算法都需要被重新设计。在单个核心内存容量的限制之下,不仅需要更大规模的并行,也需要设计新的数据模型,需要设计出既考虑数据大小、又考虑视觉感知的高效算法,需要引入创新的视觉表现方法和用户交互手段。

4. 大数据可视化分析算法

大数据的可视化算法不仅要考虑数据规模,还要考虑视觉感知的高效算法,需要引入创新的视觉表现方法和用户交互手段。更重要的是,用户的偏好必须与自动学习算法有机结合,这样可视化的输出才会具有高度适应性。可视化算法应该拥有巨大的控制参数搜索空间,以减少数据分析与探索的成本及降低难度,同时可以组织数据并且减少搜索空间。

5. 用户界面与交互设计

在大数据可视化分析中,用户界面与交互设计已成为研究的热点,应主要考虑以下问题:用户驱动的数据简化、可扩展性与多级层次、异构数据融合、交互查询中的数据概要与分流、表示证据和不确定性、时变特征分析、设计与工程开发等。

原位交互分析方法、大数据存储方法、大数据可视化分析算法和用户界面与交互设计等多种技术的运用使得人们可以通过交互可视化界面对大数据进行分析、推理和决策,这种将数据通过可视化变成图形的方法能更好地激发人的形象思维与想象力。

6.5.4 大数据可视化技术

大数据可视化技术涉及传统的科学可视化和信息可视化,从大数据分析可以掘取信息和洞悉知识作为目标的角度出发,信息可视化技术将在大数据可视化中扮演更重要的角色。根据信息的特征,可以把信息可视化技术分为一维信息(1-Dimensional)、二维信息(2-Dimensional)、三维信息(3-Dimensional)、多维信息(Multi-Dimensional)、层次信息(Tree)、网络信息(Network)、时序信息(Temporal)可视化。多年来,研究者围绕着上述信息类型提出了众多的信息可视化新方法和新技术,并获得了广泛的应用。随着大数据的兴起与发展,互联网、社交网络、地理信息系统、企业商业智能、社会公共服务等主流应用领域逐渐产生了几类特征鲜明的信息类型,主要包括文本、网络或图、时空及多维数据等。这些与大数据密切相关的信息类型已成为大数据可视化的主要研究领域。

1. 文本可视化

文本信息是大数据时代中非结构化数据类型的典型代表,是互联网中主要的信息类型,也是物联网中各种传感器生成的主要信息类型,人们日常工作和生活中接触的电子文档也是以文本形式存在的。文本可视化的意义在于将文本中蕴含的语义特征(如词频与重要度、逻辑结构、主题聚类、动态演化规律等)直观地展示出来。

(1)标签云

如图 6-6 所示,典型的文本可视化技术就是标签云(Word Clouds 或 Tag Clouds),它可以将关键词根据词频或其他规则进行排序,按照一定规律进行布局排列,用大小、颜色、字体等图形属性对关键词进行可视化。目前大多用字体大小代表该关键词的重要性,在互联网应用中,标签云多用于快速识别网络媒体的主题热度。当关键词的数量规模不断增大时,若不设置阈值,则将出现布局密集和重叠覆盖的问题,此时需提供交互接口以允许用户对关键词进行操作。

图 6-6   标签云

文本中通常蕴含逻辑层次结构和一定的叙述模式,对结构语义进行可视化的方法有两种:一种是采用 DAViewer,将文本的叙述结构语义以树的形式进行可视化,同时展现相似度统计、修辞结构以及相应的文本内容;另一种是采用 DocuBurst,以放射状层次圆环的形式展示文本结构。基于主题的文本聚类是文本数据挖掘的重要研究内容,为了可视化展示文本聚类效果,通常将一维的文本信息投射到二维空间中,以便于对聚类中的关系予以展示。例如,Hipp 就提供了一种基于层次化点排布的投影方法,可广泛用于文本聚类可视化。上述文本语义结构可视化方法仍建立在语义挖掘的基础上,与各种挖掘算法绑定在一起。

(2)动态文本时序信息可视化

文本的形成与变化过程和时间属性密切相关,因此,如何将动态变化的文本中与时间相关的模式与规律进行可视化展示是文本可视化的重要内容。引入时间轴是一类主要方法,如图 6-7 所示,ThemeRiver 用河流作为隐喻,河流从左至右的流淌代表时间序列,将文本中的主题用不同颜色的色带表示,主题的频度用色带的宽窄表示。基于河流隐喻,研究者又提出了 TextFlow,进一步展示了主题的合并和分支关系以及演变。图 6-7 还展示了 EventRiver,其将新闻进行了聚类,并以气泡的形式将其展示出来。对以上文本可视化技术进行集成,就建立了针对社会媒体进行可视化分析的原型系统。此类社会媒体舆情分析是大数据的典型应用之一,在对文本本身语义特征进行展示的同时,通常需要结合文本的空间、时间属性以形成综合的可视化界面。

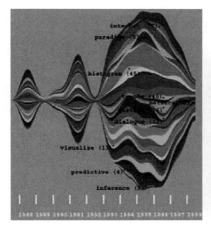
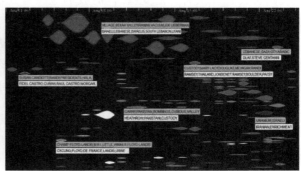

ThemeRiver   EventRiver

图 6-7   动态文本时序信息可视化

2. 网络(图)可视化

网络关联关系是大数据中常见的关系,例如互联网与社交网络。层次结构数据也属于网络信息的一种特殊情况。基于网络节点和连接的拓扑关系,可以直观地展示网络中潜在的模式关系。例如,节点或边聚集性是网络可视化的主要内容之一。对于具有海量节点和边的大规模网络,如何在有限的屏幕空间中对其进行可视化是大数据时代面临的难点和重点。除了对静态的网络拓扑关系进行可视化,与大数据相关的网络往往具有动态演化性,因此如何对动态网络的特征进行可视化也是不可或缺的研究内容。

经典的基于节点和边的可视化是图可视化的主要形式。常用的具有层次特征的图可视化的典型技术包括 H 状树(H-Tree)、圆锥树(Cone Tree)、气球图(Balloon View)、放射图(Radial Graph)、三维放射图(3D Radial)、双曲树(Hyperbolic Tree)等。对于具有层次特征的图,空间填充法也是常用的可视化方法,如树图技术(Treemaps)及其改进技术。人们集成了上述多种图可视化技术,提出了 TreeNetViz 技术,综合了放射图和基于空间填充法的树可视化技术。这些图可视化技术的特点是其直观地表达了图节点之间的关系,但算法难以支撑大规模(如百万以上)图的可视化,并且只有当图的规模在界面像素总数规模范围以内时其效果才较好(如百万以内),因此需要对这些方法进行改进,如计算并行化、图聚簇简化可视化、多尺度交互等。

大规模网络中,随着海量节点和边的数目不断增多,例如当规模达到百万以上时,可视化界面中会出现节点和边大量聚集、重叠和覆盖的问题,使得分析者难以辨识可视化效果。图简化(Graph Simplification)技术是处理此类大规模图可视化的主要手段。一类简化是对边进行聚集处理,例如基于边捆绑(Edge Bundling)的方法,使得复杂网络的可视化效果更为清晰。此外还有人提出了基于骨架的图可视化技术,主要方法是根据边的分布规律计算出骨架,然后基于骨架对边进行捆绑。另一类简化是通过层次聚类与多尺度交互将大规模图转化为层次化树状结构,并通过多尺度交互对不同层次的图进行可视化。例如,ASK-Graphview 就能够对具有 1600 万条边的图进行分层可视化。这些技术将为大数据时代的大规模图可视化提供有力的支持,同时我们应该看到,交互技术的引入也将是解决大规模图可视化的不可或缺的手段。

动态网络可视化的关键是如何将时间属性与图进行融合,其基本方法是引入时间轴。例如,StoryFlow 是一个对复杂故事中的角色网络的发展进行可视化的工具,该工具能够将小说中各角色之间随时间变化的复杂关系以基于时间轴的节点聚类形式展示出来。然而,这些例子涉及的网络规模较小。

3. 时空数据可视化

时空数据是指带有地理位置与时间标签的数据。传感器与移动终端的迅速普及使得时空数据成为了大数据时代典型的数据类型。时空数据可视化与地理制图学相结合,重点对时间与空间维度以及与之相关的信息对象属性建立可视化表征,对与时间和空间密切相关的模式及规律进行展示。大数据环境下,时空数据的高维性、实时性等特点也是时空数据可视化的重点。

为了反映信息对象随时间进展与空间位置所发生的行为变化,通常通过信息对象的属性可视化进行展现。流式地图(Flow map)是一种典型的方法,它可以将时间事件流与地图进行融合。当数据规模不断增大时,传统的 Flow map 面临大量的图元交叉、覆盖等问题,这也是大数据环境下时空数据可视化的主要问题之一。解决此问题可借鉴并融合大规模图可视化中的边捆绑方法,图 6-8 所示是对时间事件流做了边捆绑处理的 Flow map。此外,基于密度计算对时间事件流进行融合处理也能有效地解决此问题。

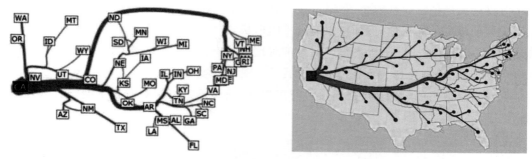

图 6-8　结合了边捆绑技术的流式地图

为了突破二维平面的局限性,另一类主要方法是时空立方体(Space-time Cube),它可以利用三维方式将时间、空间及事件直观地展现出来。时空立方体同样面临着大规模数据造成的密集杂乱问题。一类解决方法是结合散点图和密度图对时空立方体进行优化;另一类方式是将二维和三维进行融合,如堆积图(Stack Graph)在时空立方体中拓展了多维属性显示空间。上述各类时空立方体适合对城市交通 GPS 数据、飓风数据等大规模时空数据进行展现。当时空信息对象属性的维度较多时,三维也面临着展现能力的局限,因此多维数据可视化常与时空数据可视化相融合。图 6-9 所示是将多维平行坐标轴与传统地图制图方法结合的例子。

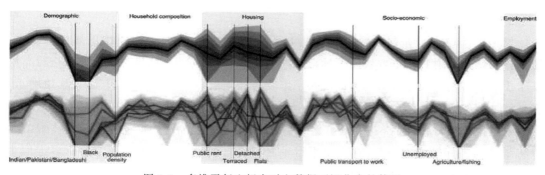

图 6-9　多维平行坐标在时空数据可视化中的使用

4. 多维数据可视化

多维数据指具有多个维度属性的数据变量,其广泛存在于基于传统关系数据库以及数据仓库的应用中,如企业信息系统以及商业智能系统。多维数据分析的目标是探索多维数据项的分布规律和模式,并揭示不同维度属性之间的隐含关系。多维可视化的基本方法包括基于几何图形、基于图标、基于像素、基于层次结构、基于图结构以及混合方法。其中,基于几何图形的多维可视化方法是近年来主要的研究方向。大数据背景下,除了数据项规模扩张所带来的挑战,高维所引起的问题也是研究的重点。

散点图(Scatter Plot)是最常用的多维可视化方法。二维散点图可以将多个维度中的两个维度的属性值集合映射至两条轴,在二维轴确定的平面内通过图形标记的不同视觉元素反映其他维度的属性值,例如可以通过不同形状、颜色、尺寸等表示连续或离散的属性值,如图 6-10(a)所示。二维散点图能够展示的维度十分有限,研究者将其扩展到了三维空间,通过可旋转的 Scatter Plot 方块(Dice)扩展了可映射维度的数目,如图 6-10(b)所示。散点图适合对有限数目的较为重要的维度进行可视化,通常不适用于对所有维度同时进行展示的情况。

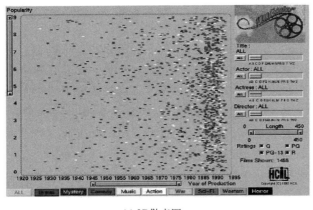

(a) 2D散点图　　　　　　　　　　　　　　　(b) 3D散点图

图 6-10　二维和三维散点图

投影(Projection)是同时展示多维的可视化方法之一。VaR 将各维度的属性列的集合通过投影函数映射到一个方块图形标记中,并根据维度之间的关联度对各个方块进行布局。基于投影的多维可视化方法一方面反映了维度属性值的分布规律,另一方面直观地展示了多维度之间的语义关系。

平行坐标(Parallel Coordinates)是研究和应用最为广泛的一种多维可视化技术,它可以将维度与坐标轴建立映射,在多个平行轴之间以直线或曲线映射的形式表示多维信息。近年来提出了平行坐标散点图(Parallel Coordinate Plots,PCP)的概念,它可以将散点图和柱状图集成在平行坐标中,支持分析者从多个角度同时使用多种可视化技术进行分析。还有人建立了一种具有角度的柱状图平行坐标,支持用户根据密度和角度进行多维分析。大数据环境下,平行坐标面临的主要问题是大规模数据项造成的线条密集与重叠覆盖,根据线条聚集特征对平行坐标图进行简化可以形成聚簇可视化效果,这将为这一问题提供有效的解决方法。

5. 支持可视化分析的人机交互技术

信息可视化中的人机交互技术主要分为 5 类:动态过滤技术(Dynamic Queries)与动

态过滤用户界面、整体＋详细技术（Overview＋Detail）与 Overview＋Detail 用户界面、平移＋缩放技术（Panning＋Zooming）与可缩放用户界面（ZUI）、焦点＋上下文技术（Focus＋Context，F＋C）与 Focus＋Context 用户界面、多视图关联协调技术（Multiple Coordinated Views）与关联多视图用户界面。大数据可视化分析中涉及的人机交互技术在融合与发展上述几大类交互的基础上还需要重点研究为可视化分析的推理过程提供界面支持的人机交互技术以及更符合分析过程认知理论的自然、高效的人机交互技术。

（1）支持可视分析过程的界面隐喻与交互组件

在用于大数据可视化分析的用户界面中，仅有数据的可视化表征还远远不能支持问题分析和推理过程中各环节的任务需求，界面还需要提供有效的界面隐喻以表示分析的流程，同时提供相应的交互组件供分析者使用和管理可视化分析的过程。根据支持分析过程的认知理论，界面隐喻和交互组件应包含支持分析和推理过程中的各个要素，例如分析者的分析思路、信息觅食的路径、信息线索、观察到的事实、分析记录和批注、假设、证据集合、推论和结论、分析收获（信息和知识等）、行为历史跟踪等。

研究者根据 Put-This-There 认知理论建立了对分析和推理流程以及假设和证据进行组织管理的用户界面 Sanbox，其采用类似思维导图的可视化隐喻，使得分析者能够有效地管理分析和推理的思维过程。Sanbox 将分析和推理过程中的不确定性因素进行了可视化展示，使用不确定性流图（Uncertainty Flow）对不确定性因素进行分析和管理。在多人协作的可视化分析中，为分布式的网络分析者提供分析和推理流程以及上下文管理的界面尤为重要。

为了更为直观地概览分析和推理过程中的关键节点，并快速返回分析历史中的某个场景，研究者提出了被称为书签缩略图的界面隐喻，每个书签缩略图都展示了当时分析场景中的信息可视化状态、相关的交互行为、分析摘要等，可视化分析和推理的过程由一系列连续的书签缩略图排列组成，有助于分析者一眼即回忆起当时的分析场景。TIARA 是用于文本的可视化分析工具，其使用可交互的摘要（Summary）对不同的文本主题进行标注，分析者可以与摘要进行交互，支持主题的排序和对比等。

（2）多尺度界面与语义缩放（Semantic Zooming）技术

当数据规模超过了屏幕像素的总和时，往往无法一次性地将所有数据显示出来。多尺度界面（Multi-scale Interfaces）是解决这一问题的有效方法，它使用不同级别的空间尺度（Scale）组织信息，将尺度的层次与信息呈现的内容联系起来，利用平移与缩放作为主要交互技术，各种信息可视化对象的外观会随着尺度的大小进行语义缩放。语义缩放目前已经广泛应用于二维地图可视化系统中，对于大数据可视化分析而言，语义缩放将成为从高层概要性信息到低层细节性信息、分层次可视化的重要支撑技术。

（3）焦点＋上下文技术

F＋C 技术将用户关注的焦点对象（Focus）与整体上下文环境（Context）同时显示在一个视图内，通过关注度函数（Degree of Interest Function，DoI Function）对视图中的对象进行选择性变形,以突出焦点对象,并将周围环境上下文中的对象逐渐缩小。这一技术的认知心理学基础是:人在探索局部信息的同时往往需要保持整体信息空间的可见性。F+C技术的另一个认知心理学基础是:若信息空间被划分为两个显示区域(如 Overview+Detail 模式),则人在探索信息时需要不断切换注意力和工作记忆,这会导致认知行为的低效。

研究者针对 F+C 技术开展了大量研究,提出了双焦点变形技术(Bifocal Display)、鱼眼视图及其各种扩展技术、双曲几何变换技术(Hyperbolic Geometry)、放射图(Radial Graph)、关注度树(DoI Tree)、动态扇形图(DoI-Wave)、Sigma 透镜等。其中,鱼眼视图的研究最为广泛,如文本鱼眼菜单(Fisheye Menus)、搜索引擎结果鱼眼列表的 WaveLens、PDA 手持设备的鱼眼日历(DateLens)、图像鱼眼等。鱼眼视图也应用于密集网络节点的可视化,如密集树状图多焦点 Ballon 技术、大规模树结构的嵌套圆鱼眼视图等。大数据环境下,F+C 技术因其能在突出焦点的同时保持上下文整体视图的连贯性,因此其将为密集型可视化界面和强调上下文关联的搜索分析行为提供有力的支持。同时,将焦点与上下文之间单纯的距离概念拓展到语义层面,结合挖掘与学习算法计算语义距离动态地获得与焦点语义相关的上下文,并做出智能自适应性地可视化反馈也将是 F+C 技术的研究重点。

(4) 多侧面关联技术

数据对象往往具有多个信息侧面(Facet),称为信息多面体。为了分析信息多面体多侧面之间具有的语义关联关系,研究者提出了多侧面关联技术,其基本思想是:建立针对多个信息侧面的视图,在交互过程中对多侧面视图中的可视化对象进行动态关联,以探索其内在的关系。可视化分析工具 PivotSlice 主要针对信息多面体中多侧面之间的关系进行分析。另一种对信息多面体进行分析的技术是 PivotPaths。

6. 面向 Post-WIMP 的自然交互技术

根据分析过程的认知理论,分析者在分析和推理过程中需要保证思维的连贯性,而连续的思维不应被交互操作过多地打断。因此,可视化分析所采用的交互技术应是贴近用户认知心理的、支持直接操纵的、自然的交互技术。自然交互能够保证分析者的主要关注点在分析任务上,而不需要过多地关注实现任务的具体操作方式和流程。Post-WIMP 交互技术极大地提升了传统交互方式的自然性,如多通道交互、触摸式交互、笔交互等,尤其适合可视化分析的应用需求。

基于触摸、手势以及笔交互的界面目前已经比较普遍,目前有基于笔和触摸的交互式白板已应用于可视化分析。分析者可以基于触摸交互方式利用手势操纵界面中的可视化对象,同时可以用笔对分析推理过程的思维进行记录。实验结果表明,基于笔和触摸的交互技术能够使得分析推理过程更为流畅。基于折叠动作的自然交互技术用于可视化分析中数据的对比。

大数据分析问题的复杂性和跨领域特点导致问题的分析需要具有多元知识背景的分析者进行协作。基于数字桌面多触点交互的协作可视化分析技术可以更高效自然地支持协作可视化分析。多用户可以在共享的数字桌面上用触摸和手势对可视化对象进行操纵和分析。生命进化可视化系统 DeepTree 也采用了多点触摸和手势的交互技术。而 SketchStory 则不仅将笔交互技术用于分析和推理过程,而且可以基于手绘草图创建可视化对象。

6.5.5　大数据可视化分析工具

大数据可视化分析有大量的工具可供选用,但哪一种工具最适合取决于数据以及可视化数据的目的,而最可能的情形是将某些工具组合起来使用才是最合适的。有些工具适合用来快速浏览数据,而有些工具则适合为更广泛的读者设计图表。可视化的解决方案主要有两大类:非程序式和程序式,所以工具可以分为拖曳式的基本工具和编程式的进阶工具。

1. Microsoft Excel

Excel 是人们熟悉的电子表格软件,在 Excel 中,让某几列高亮显示、做几张图表都很简单,也很容易对数据有很好的了解。如果要将 Excel 用于整个可视化过程,则应使用其图表功能以增强其简洁性。Excel 的默认设置很少能满足这一要求。Excel 的局限性在于它一次所能处理的数据量较少,而且用户必须熟练掌握 VBA 这个 Excel 内置的编程语言,否则针对不同数据集重制一张图表将会是一件很烦琐的事情。

2. Google Spreadsheets

Spreadsheets 是 Google 版的 Excel,但它用起来更简便,而且它是在线的。在线这一特性是 Spreadsheets 最大的亮点,因为用户可以跨设备地快速访问自己的数据,而且可以通过内置的聊天和实时编辑功能进行协作。用户通过 importHTML 和 importXMI 函数可以从网上导入 HTML 和和 XML 文件。例如,如果在百度上发现了一张 HTML 表格,想要把数据存成 CSV 文件,就可以使用 importHTML,然后从 Google Spreadsheets 中把数据导出。

3. Tableau

相对于 Excel,如果想对数据做更深入的分析而又不想编程,那么 Tableau 数据分析软件(也称商务智能展现工具)是很不错的。例如,Tableau 与 Mapbox 的集成能够生成绚丽的地图背景,并添加地图层和上下文,生成与用户数据相匹配的地图。使用 Tableau 软件设计的可视化界面在用户发现有趣的数据点并想一探究竟时可以方便地让用户与数据进行交互。Tableau 可以将各种图表整合成仪表盘并在线发布,但用户为此必须公开自己的数据,把数据上传到 Tableau 服务器。

4. 针对特定数据的工具

以下软件能处理多种类型的数据,并可以提供许多不同的可视化功能。这对于数据的分析和探索大有好处,因为它们能够使用户快速地从不同角度观察自己的数据。

（1）Gephi

如果你见过一张网络图或者一个由一条边线和一个节点构成的视觉形象(有的就像个毛球),那么它很可能是用 Gephi 画出来的。Gephi 是一款开源、免费、跨平台、基于 JVM 的复杂网络分析软件,主要用于各种网络和复杂系统,是一种针对动态和分层图的交互可视化与探测开源工具。

（2）TileMill

自定义地图的制作难度较大且技术性强,然而现在已经有多种程序使得基于自己的数据按喜好和需求设计地图变得相对容易了。地图平台 Mapbox 提供的 TileMill 就是一款开源的桌面软件,其有不同平台的多个版本可以下载和安装,然后加载一个 shapefile 即可。TileMill可以让用户快速而轻松地创建网页地图服务,它使用强大的开源地图渲染函数库 Mapnik,Open Street Map 和 MapQuest 同样使用 Mapnik,并以 Carto CSS 为样式配置语言。

shapefiles 是用来描述诸如多边形、线和点这种地理空间数据的文件格式,在网上很容易找到这种文件。例如,美国人口调查局就提供了道路、水域和街区的 shapefile。

（3）ImagePlot

加州电信学院软件研究实验室的 ImagePlot 能将大规模的图像集合作为一组数据点进行探索,它是基于开源图片处理软件 ImageJ 的宏工具。和传统作图工具生成的柱状图、散点图不同,ImagePlot 使用各种图片的缩小图作为柱状图和散点图上的像素,它支持几乎所有格式和大小的图片,而且它可以由用户任意缩放可视化中的缩略图的大小。例如,可以根据颜色、时间或数量绘制图形,从而展现某位艺术家或某类照片的发展趋势与变化。ImagePlot 是跨平台、无须编程的免费工具。

（4）树状图

绘制树状图的方法有很多种,但马里兰大学人机交互实验室的交互式软件是最早出现的,而且可以免费使用。树状图对于探索小空间中的层次式数据非常有用,Hive 小组还开发并维护了一款商用版本。

（5）indiemapper

indiemapper 是地图制作小组 Axis Maps 提供的一个免费服务。与 TileMill 类似,它支持创建自定义地图以及使用自己的数据制图,但它运行在浏览器中,而不是作为桌面客户端软件运行。indiemapper 的使用方法简单,并且有大量的示例可以帮助用户起步。这款应用最受人欢迎的一点是它可以方便地变换地图投影,这能引导用户找出最符合自己需要的投影方式。

（6）Geocommons

Geocommons 也是一个可视化的数据地图分析工具。与 indiemapper 类似,但Geocommons 更专注于数据的探索和分析。用户可以上传自己的数据,也可以从Geocommons 数据库中抽取数据,然后与点和区域进行交互。用户还可以将数据以多种常见的格式导出,以便导入其他软件。

（7）ArcGIS

ArcGIS 产品线为用户提供了一个可伸缩的、全面的 GIS 平台。ArcObjects 包含许多可编程组件,从细粒度的对象(如单个几何对象)到粗粒度的对象(如与现有 ArcMap 文档交互的地图对象),其涉及面极广,这些对象为开发者集成了全面的 GIS 功能,ArcGIS 可以满足 GIS 用户的所有需求。

5. 编程工具

拿来即用的软件可以让用户在短时间内上手,其代价则是这些软件为了能让更多的人处理自己的数据,总是或多或少地进行了泛化。此外,如果想得到新的特性或方法,就要等别人为你实现。相反,如果你会编程,就可以根据自己的需求将数据进行可视化并获得灵活性了。

显然,编程的代价是需要花时间学习一门新语言。当你开始构造自己的库并不断学习新的内容时,重复这些工作并将其应用到其他数据集上也会变得更容易。

(1) R 语言

由新西兰奥克兰大学 Ross Ihaka 和 Robert Gentleman 开发的 R 语言是一个用于统计学计算和绘图的语言,它已超越了"仅仅是流行的强有力开源编程语言"的意义,成为了统计计算和图表呈现的软件环境,并且还在不断发展。

无数的统计分析和挖掘人员利用 R 语言开发统计软件并实现数据分析。R 语言的绘图函数能用短短几行代码将图形画好。

R 语言对于创建和开发生动、有趣的图表的支撑能力很丰富,基础 R 语言包含协同图(Coplot)、拼接图(MosaicPot)和双标图(Biplot)等多类图形的功能。R 语言更能帮助用户创建强大的交互式图表和数据可视化。

R 语言的主要优势在于它是开源的,在基础 R 语言分发包之上,人们又研发了很多扩展包,这些扩展包使得统计学绘图和分析变得更加简单,表现在以下几方面。

- ggplot2:基于利兰·威尔金森图形语法的绘图系统,是一种统计学可视化框架。
- network:可创建带有节点和边的网络图。
- gaaps:基于 Google 地图、Openstreet Map 及其他地图的空间数据可视化工具,使用了 ggplot2。
- animation:可制作一系列的图像并将它们串联起来以制作成动画。
- portfolio:通过树状图可视化层次型数据。

这里只列举了一小部分。通过包管理器,用户可以查看并安装各种扩展包。通常用 R语言生成图形,然后用插画软件精制和加工。在任何情况下,如果在编码方面是新手,而且想通过编程制作静态图形,那么 R 语言都是很好的起点。总之,R 语言天生为统计而生,数据分析、统计建模、数据可视化才是 R 语言的舞台。

(2) JavaScript、HTML、SVG 和 CSS

在可视化方面,过去在浏览器上可以做的事情非常有限,通常必须借助于 Flash 和ActionScript。然而,在从不支持 Flash 的 Apple 移动设备出现之后,人们便很快转向了JavaScript 和 HTML。除了可缩放矢量图形(SVG)之外,JavaScript 还可以用来控制 HTML。层叠样式表(CSS)则用于指定颜色、尺寸及其他美术特性。JavaScript 具有很高的灵活性,可以制作出用户想要的各种效果。在这一点上,更大的局限在于用户的想象力,而非技术。

以前,各种浏览器对 JavaScript 的支持不尽一致,然而在现在的浏览器上,如 FireFox、

Safari 和 Google Chrome 中都能找到相应功能以制作在线交互式可视化效果。

如果看到的数据是在线的、可交互式的,那么很可能其作者就是用 JavaScript 制作的。学习 JavaScript 可以从零起步,一些可视化库也会为用户带来不少的便利。

（3）Processing

Processing 原本是为美工设计的,它是一种开源的编程语言,基于素描本(sketchbook)这一隐喻编写代码。如果是编程新手,则学习 Processing 将是一个不错的出发点,因为通过 Processing 只需要几行代码就能实现非常有用的功能。此外,Processing 还有大量的示例、库、图书以及一个提供帮助的巨大社区,这一切都让 Processing 更加引人注目了。

（4）Python

Python 是一种面向对象的解释型计算机程序设计语言,是纯粹的自由软件,它原本并不是针对图形设计的,但还是被广泛用于数据处理和 Web 应用。Python 拥有很大的标准库,它可以帮助用户处理各种工作。除了标准库以外,还有许多其他高质量的库,如 wxPython、Twisted 和 Python 图像库等。因为有 PIL、Tkinter 等图形库的支持,所以 Python 能方便地进行图形处理。

（5）PHP

和 Python 一样,PHP 也是比 R 语言和 Processing 应用更为广泛的编程语言。虽然 PHP 主要用于 Web 编程,但因为大多数 Web 服务器都已经安装了 PHP,所以就不必操心安装这一步了。PHP 还有图形库,这意味着可以把 PHP 应用于数据可视化。基本上只要能加载数据并基于数据画图,就可以创建视觉数据。

本章小结

本章首先介绍了大数据可视化的概念、基本思想、可视化模型和可视化设计组件,然后介绍了科学可视化的概念、主题、应用以及信息可视化的概念和应用,接着介绍了数据可视化的应用,最后重点介绍了大数据可视化分析的方法、技术和工具。

通过本章的学习,读者应该对大数据可视化有一定的认识,并能通过软件实现一些简单的数据可视化应用。

实验 6

了解 Tableau 数据可视化软件

1. 实验目的

（1）了解 Tableau 数据可视化软件的安装方法和工作环境。

（2）掌握 Tableau 的基础操作,尝试初步开展 Tableau 数据可视化分析操作。

2. 工具/准备工作

（1）在开始本实验之前，请认真阅读教材的相关内容，上网查阅 Tableau 的安装方法和使用教程。

（2）准备一台带有浏览器且能够联网的计算机。

3. 实验内容与步骤

（1）访问 Tableau 中文官网（https://www.tableau.com/zh-cn），下载安装文件。

（2）解压缩下载的文件并安装到计算机上。

（3）你安装的 Tableau 软件的版本是什么？

答：_____

（4）在安装过程中，你遇到了什么问题？

答：_____

_____

（5）浏览 Tableau 可视化库

单击 Tableau 中文官网上方导航栏中的"解决方案"菜单项下的"可视化库"，进入 Tableau 可视化库，如图 6-11 所示。

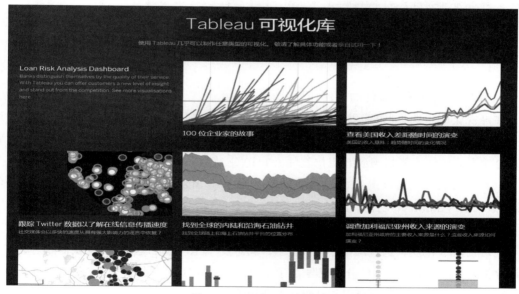

图 6-11　Tableau 可视化库

Tableau 可视化库中包含十分丰富的 Tableau 可视化优秀作品，这些优秀（动态）作品可以通过互动操作使用户深入或者广泛地了解更多的相关信息。

· 调查加利福尼亚州政府收入来源的演变

在 Tableau 可视化库中选择"调查加利福尼亚州收入来源的演变"视图项（见图 6-12）。

政府机构需要了解自己的财政收入的具体来源,还有这些来源随时间变化的情况以及预计未来会发生的变化。此分析视图显示了加利福尼亚州政府的主要收入来源及其历史趋势。单击瀑布图上的"收入来源"按钮即可筛选历史视图。

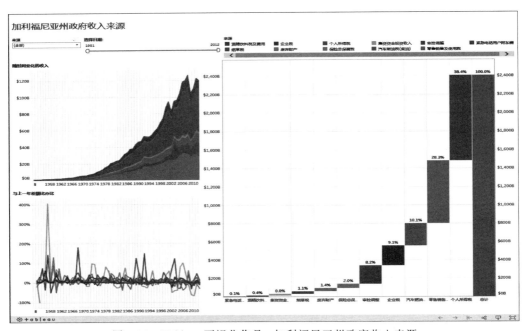

图 6-12　Tableau 可视化作品:加利福尼亚州政府收入来源

- 跟踪奥斯汀学校教师的留任计划

在可视化库中选择"跟踪奥斯汀学校教师留任计划"视图项,通过动态可视化作品了解奥斯汀学校的教师更替情况。与美国很多学区一样,得克萨斯州奥斯汀市的学区同样面临着一个难题:如何才能招聘到并留住教师。2010 年,该市斥资数百万美元启动了一项名为Reach(覆盖)的计划,旨在遏制教师流动现象。图 6-13 所示的分析视图采用了 Tableau 的"故事点(Story Points)"功能,该功能可以将这些数据转化成可立即吸引受众注意的故事。

- 通过调查数据衡量客户满意度

在可视化库中选择"通过调查数据衡量客户满意度"视图项,通过动态可视化作品了解客户的评分相关度。图 6-14 所示的分析视图使用的调查采用 10 分制,它将多个细分客户群的总体满意度评分、机构专业知识评分和推荐可能性评分相关联。每个圆表示一个由行业、工作职能、性别和产品的组合所界定的细分客户群,而圆的大小则对应于该细分客户群中客户的数量。

通过上述浏览,你对 Tableau 软件的可视化数据分析能力的评价是什么?

答:_____

_____

_____

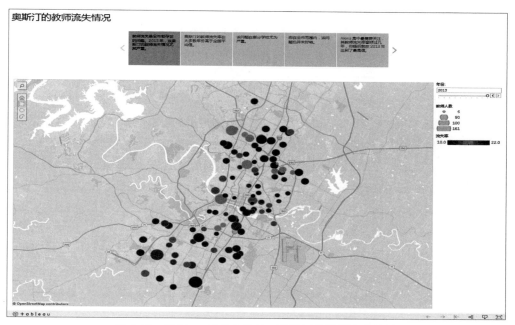

图 6-13　Tableau 可视化作品：奥斯汀的教师流失情况

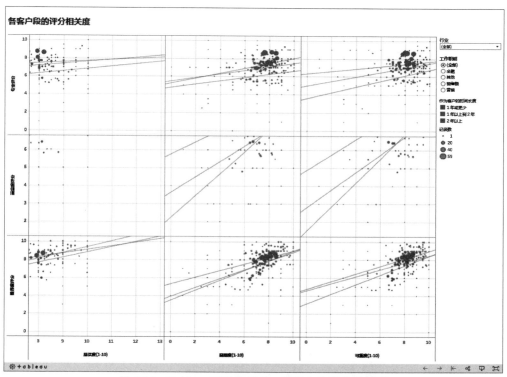

图 6-14　Tableau 可视化作品：各客户的评分相关度

4. 实验总结

5. 实验评价（教师）

第 7 章

大数据安全

学习目标

- 了解大数据安全的定义及其面临的挑战。
- 了解安全措施的实施方式。
- 掌握大数据安全保障技术。
- 掌握云安全技术。

大数据被誉为"21世纪的钻石矿",是国家基础性战略资源,正日益对国家治理能力、经济运行机制、社会生产方式以及各领域的生产流通、分配、消费活动产生重要影响,各国政府都在积极推动大数据的应用与发展。

大数据时代是机遇与挑战并存的时代。在大数据的应用和推广过程中必须坚持安全与发展并重的方针,为大数据的发展构建安全保障体系,在充分发挥大数据价值的同时解决数据安全和个人信息保护问题。大数据安全标准是大数据安全保障体系的重要组成部分,对大数据应用的实施起到引领和指导作用。

我国高度重视大数据安全及其标准化工作,并将其作为国家发展战略予以推动。2015年8月,国务院以国发〔2015〕50号印发《促进大数据发展行动纲要》,要求"完善法规制度和标准体系"和"推进大数据产业标准体系建设"。2016年11月,第十二届全国人民代表大会常务委员会通过了《中华人民共和国网络安全法》,鼓励开发网络数据安全保护和利用技术。2016年12月,国家互联网信息办公室发布《国家网络空间安全战略》,在夯实网络安全基础的战略任务中提出实施国家大数据战略、建立大数据安全管理制度、支持大数据信息技术创新和应用要求。全国人大常委会和中华人民共和国工业和信息化部(以下简称"工信部")、中华人民共和国公安部(以下简称"公安部")等部门为加快构建大数据安全保障体系,相继出台了《加强网络信息保护的决定》《电信和互联网用户个人信息保护规定》等法规和制度。与此同时,我国还发布了国家和行业的网络个人信息保护相关标准,开展了以数据安全为重点的网络安全防护检查。

为推动大数据安全标准化工作,全国信息安全标准化技术委员会(以下简称"全国信安标委")下设的大数据安全标准特别工作组(以下简称"特别工作组")在 2017 年 4 月发布了《大数据安全标准化白皮书(2017)》,全国信息技术标准化技术委员会大数据标准工作组更新发布了《大数据标准化白皮书(2018 版)》。该白皮书重点介绍了国内外的大数据安全法规政策和标准化现状,重点分析了大数据安全所面临的安全风险和挑战,给出了大数据安全标准化体系框架,规划了大数据安全标准工作重点,提出了开展大数据安全标准化工作的建议。

7.1　大数据安全的定义

白皮书的发布为大数据的安全工作带来了标准和指引。

7.1.1　大数据安全的定义

大数据安全不仅是指大数据质量的安全问题,而是包括大数据整个处理过程的方方面面的安全。首先是安全标准的规范化和法律法规,然后是数据从采集到存储和使用上的安全、包括基础设施的安全、技术的安全、方法的安全。这些都是大数据安全所研究的范围。

7.1.2　大数据安全面临的挑战

大数据安全的风险伴随着大数据应运而生。随着互联网、大数据应用的爆发,数据丢失和个人信息泄露事件频发,地下数据交易造成了数据滥用和网络诈骗,可能引发恶性社会事件,甚至危害国家安全。例如,2015 年 5 月,美国国税局宣布其系统遭受攻击,约 7 万人的纳税记录被泄露,同时约 39 万个纳税人账户被冒名访问;2016 年 12 月,Yahoo 公司宣布其超过 10 亿个用户账号已被黑客窃取,泄露的相关信息包括姓名、邮箱口令、生日、邮箱密保问题及答案等内容;自 2016 年至今,全球范围内数以万计的 MongoDB 系统都遭到过攻击,大量系统被黑客攻击。

通过对当前典型大数据应用场景以及大数据产业发展现状进行调研分析,《大数据安全标准化白皮书(2017)》从技术平台和数据应用两个角度讨论了当前大数据发展所面临的安全挑战。

1. 技术平台角度

随着大数据的飞速发展,各种大数据技术层出不穷,新的技术架构、支撑平台和大数据软件不断涌现,使得大数据面临着新的安全挑战。

(1)传统安全措施难以适配

大数据的海量、多源、异构、动态性等特征导致其与传统封闭环境下的数据应用安全环境有所区别。大数据应用一般采用底层复杂、开放的分布式计算和存储架构为其提供海量数据的分布式存储和高效计算服务,这些新的技术和架构使得大数据应用的网络边界变得模糊,传统的基于边界的安全保护措施已不再有效。同时,新形势下的高级持续性威胁

（APT）、分布式拒绝服务攻击（DDos）、基于机器学习的数据挖掘和隐私发现等新型攻击手段的出现也使得传统的防御、检测等安全控制措施暴露出了严重不足。

（2）平台安全机制亟待改进

现有的大数据应用多采用通用的大数据管理平台和技术，如基于 Hadoop 生态架构的 HBase/Hive，Casandra/Spark、MongoDB 等。这些平台和技术在设计之初大部分考虑的是在可信的内部网络中使用，对大数据应用用户的身份鉴别、授权访问、密钥服务以及安全审计等方面的考虑较少。即使有些软件做了改进，如增加了 Kerberos 身份鉴别机制，但其整体安全保障能力仍然比较薄弱。同时，大数据应用中多采用第三方开源组件，这些组件缺乏严格的测试管理和安全认证，使得大数据应用对软件漏洞和恶意后门的防范能力不足。

（3）应用访问控制愈加复杂

由于大数据数据类型复杂、应用范围广泛，因此它通常为来自不同组织或部门、不同身份与目的的用户提供服务。一般地，访问控制是实现数据受控访问的有效手段。但是，由于大数据应用场中存在大量未知的用户和数据，因此预先设置角色及其权限是十分困难的。即使可以事先对用户权限进行分类，但由于用户角色众多，难以精细化和细粒度地控制每个角色的实际权限，从而导致无法准确地为每个用户指定其可以访问的数据范围。

2. 数据应用角度

大数据的一个显著特点是其数据体量庞大，而其中又蕴含着巨大的价值。数据安全保障是大数据应用和发展中必须面临的重大挑战。

（1）数据安全保护难度加大

大数据拥有巨大的数据，使得其更容易成为网络攻击的显著目标。在开放的网络化社会，蕴含着海量数据和潜在价值的大数据更受黑客的青睐，近年来也频繁爆发出邮箱账号、社保信息、银行卡号等数据大量被窃的安全事件。分布式的系统部署、开放的网络环境、复杂的数据应用和众多的用户访问都使得大数据在保密性、完整性、可用性等方面面临着更大的挑战。

（2）个人信息泄露风险加剧

由于大数据系统中普遍存在大量的个人信息，在发生数据滥用、内部偷窃、网络攻击等安全事件时，个人信息泄露产生的后果远比一般信息泄露严重。另一方面，大数据的优势本来在于从大量数据的分析和利用中产生价值，但在对大数据中多源数据进行综合分析时，分析人员更容易通过关联关系挖掘出更多的个人信息，从而进一步加剧个人信息泄露的风险。

（3）数据真实性更加难以保证

大数据系统中的数据来源广泛，可能来源于各种传感器、主动上传者以及公开网站。除了可信的数据来源外，还存在大量不可信的数据来源，甚至有些攻击者会故意伪造数据，企图修改数据分析结果。因此，对数据进行真实性确认、来源验证等非常重要。然而，由于采集终端的性能限制、技术不足、信息量有限、来源种类繁杂等原因，对所有数据都进行真实性验证存在很大的难度。

（4）数据所有者权益难以保障

大数据应用过程中，数据会被多种角色的用户所接触，数据会从一个控制者流向另外一个控制者，甚至会在某些应用阶段产生新的数据。因此，在大数据的共享交换和交易流通过程中会出现数据拥有者与管理者不同、数据所有权和使用权分离的情况，即数据会脱离数据所有者的控制而存在，从而带来数据滥用、权属不明确、安全监管责任不清晰等安全风险，这将严重损害数据所有者的权益。

7.2 安全措施的实施

随着各国对大数据安全重要性认识的不断加深，包括美国、英国、澳大利亚、欧盟和我国在内的很多国家和组织都制定了与大数据安全相关的法律法规和政策，旨在推动大数据的应用和安全保护，在政府数据开放、数据跨境流通和个人信息保护等方向进行了探索与实践。

7.2.1 国外数据安全的法律法规

1. 政府数据开放相关法规和政策

政府数据开放是指在确保国家安全的前提下，政府向公众开放财政、资源、人口等公共数据信息，以增强公众参与社会管理的意愿和能力，进而提升政府的治理水平。美国将信息技术、数字战略、信息管理与政府开放治理有机结合，以数据开放作为新时期政府治理改革的突破口。例如，美国于 2009 年发布了《开放政府指令》，2016 年出台了《联邦大数据研究和开发战略计划》等，还有英国政府在 2013 年 4 月发布的《开放政府伙伴 2013—2015 英国国家行动方案》等。

2. 数据跨境流动相关法规和政策

当前，部分国家和地区在规范跨境转移个人数据的法律法规，并对跨境数据接收地的法律环境提出要求，要求接收地的法律能够提供与本国、本地区的个人数据保护法律相当的保护。规范个人数据跨境转移的根本目的不是禁止个人数据跨境转移，而是要根据实际情况确保本国、本地区公民的数据在境外受到合理保护。总体上，其基本立场是孤立数据跨境自由流动。具体与数据跨境流动相关的政策及法规有如欧盟在 2016 年通过的《通用数据保护条例》（GDPR），亚太经合组织（APEC）于 2003 年发布的《APEC 隐私保护框架》等。

3. 个人数据保护相关法规和政策

为了保护公民的个人数据隐私权限，各国也出台了法律以保障公民数据隐私，并对各机构在处理公民隐私数据时规定了流程和报告机制，如之前提到的欧盟颁布的《通用数据保护条例》（GDPR）以及美国的《网络安全信息共享法》等。

7.2.2　我国数据安全的法律法规

我国在积极推动大数据产业发展的过程中非常关注大数据安全问题,近几年发布了一系列与大数据产业发展和安全保护相关的法律法规和政策。

2012年12月,针对数据应用过程中的个人信息保护问题,第十一届全国人民代表大会常务委员会第三十次会议通过了《全国人民代表大会常务委员会关于加强网络信息保护的决定》,该决定要求,国家能够识别公民个人身份和涉及公民个人隐私的电子信息,网络服务提供者和其他企事业单位应当采取技术措施和其他必要措施确保信息安全,防止在业务活动中收集的公民个人电子信息遭到泄露、损毁、丢失。在发生或者可能发生信息泄露、损毁、丢失的情况时,应当立即采取补救措施。

2013年,工信部公布了《电信和互联网用户个人信息保护规定》并于同年9月开始施行,该规定是对《全国人民代表大会常务委员会关于加强网络信息保护的决定》的贯彻落实,进一步明确了电信业务经营者、互联网信息服务提供者收集和使用用户个人信息的规则和信息安全保障措施的要求。2014年3月,我国的新版《消费者权益保护法》正式实施,该法明确了消费者享有个人信息依法得到保护的权利,同时要求经营者必须采取技术措施和其他必要措施确保个人信息安全,防止消费者个人信息遭到泄露、丢失。

2015年8月,国务院印发《促进大数据发展行动纲要》(国发〔2015〕50号)(以下简称"行动纲要"),系统地部署了我国的大数据发展工作,并在政策机制部分中着重强调"建立标准规范体系,推进大数据产业标准体系建设,加快建立政府部门、事业单位等公共机构的数据标准和统计标准体系,推进数据采集、政府数据开放、指标口径、分类目录、交换接口、访问接口、数据质量、数据交易、技术产品、安全保密等关键共性标准的制定和实施,加快建立大数据市场交易标准体系;开展标准验证和应用试点示范,建立标准符合性评估体系,充分发挥标准在培育服务市场、提升服务能力、支撑行业管理等方面的作用;积极参与相关国际标准指定工作。"提出加快建设数据强国和释放数据红利,并加快政府数据开放共享,以提升治理能力。同时,行动纲要提出网络空间数据主权保护是国家安全的重要组成部分,要求"强化安全保障、提高管理水平,促进健康发展",并探索完善的安全保密管理规范措施,切实保障数据安全。在大数据安全标准方面,行动纲要提出要进一步完善法规制度和标准体系,大力推进大数据产业标准体系建设。

2016年3月,第十二届全国人民代表大会第四次会议批准通过了《中华人民共和国国民经济和社会发展第十三个五年规划纲要》(以下简称"十三五规划纲要")。十三五规划纲要提出实施国家大数据战略,全面实施促进大数据发展行动,同时要强化信息安全保障。该规划纲要提出要加强数据资源安全保护,具体表现为建立大数据安全管理制度、实行数据资源分类分级管理和保障安全高效可信应用。

2016年11月,全国人民代表大会常务委员会发布了《中华人民共和国网络安全法》(以下简称"网络安全法")并于2017年6月1日开始实施。网络安全法定义网络数据为通过网络收集、存储、传输、处理和产生的各种电子数据,并鼓励开发网络数据安全保护和利用技术,促进公共数据资源开放,推动技术创新和经济社会发展。关于网络数据安全保障方面,网络安全法规定,要求网络经营者采取数据分类、重要数据备份和加密等措施,防止网络数据被窃取或者篡改,加强对公民个人信息的保护,防止公民个人信息被非法获取、泄露或者使用,要求关键信息基础设施的运营者在境内存储公民个人信息等重要数据,当网络数据确实需要跨境传输时,必须经过安全评估和审批。

2016 年 12 月,国家互联网信息办公室发布了《国家网络空间安全战略》,提出实施国家大数据战略,建立大数据安全管理制度,支持大数据、云计算等新一代信息技术的创新和应用,为保障国家网络安全夯实产业基础。

围绕国家政策,我国各部委和相关行业也出台了一系列政策以推动大数据在各领域中的应用与发展。

2017 年 1 月,工信部发布了《大数据产业发展规划(2016—2020 年)》(工信部规〔2016〕412 号),作为未来五年大数据产业发展的行动纲领,该发展规划部署了 7 项重点任务,明确了 8 大重点工程,制定了 5 个方面的保障措施,全面部署了"十三五"时期大数据产业发展工作,为"十三五"时期我国大数据产业崛起,实现从数据大国向数据强国的转变指明了方向。

2017 年 5 月,国务院办公厅发布了《政务信息系统整合共享实施方案》(国办发〔2017〕39 号),明确了加快推进政务信息系统整合共享的"十件大事"。

党的十九大报告中重点提到了互联网、大数据和人工智能在现代化经济体系中的作用:"加快建设制造强国,加快发展先进制造业,推动互联网、大数据、人工智能和实体经济深度融合,在中高端消费、创新引领、绿色低碳、共享经济、现代供应链、人力资本服务等领域培育新增长点,形成新动能"。

7.2.3 主要标准化组织的大数据安全工作情况

目前,多个标准化组织正在开展与大数据和大数据安全相关的标准化工作,主要有国际标准化组织/国际电工委员会下的 ISO/IEC JTC1 WG9 大数据工作组(以下简称 WG9)、ISO/IEC JTC1 SC27(信息安全技术分委员会)、国际电信联盟电信标准化部门(ITU-T)、美国国家标准与技术研究院(NIST)等。国内正在开展与大数据和大数据安全相关的标准化工作的标准化组织主要有全国信息技术标准化委员会(以下简称"全国信标委")和全国信息安全标准化技术委员会(以下简称"信息安全标委会")等。

1. ISO/IEC JTC1

(1) ISO/IEC JTC1 SC27 安全技术分委员会

ISO/IEC JTC1 SC27 是 ISO 和 IEC 信息技术联合委员会(ISO/IEC JTC1)下属的安全技术分委员会,成立于 1990 年,其工作范围涵盖信息和 ICT(信息与通信技术)保护的标准开发,包括安全与隐私保护方面的方法、技术和指南。目前其下设 5 个工作组,分别为信息安全管理体系工作组(WG1)、密码技术与安全机制工作组(WG2)、安全评价、测试和规范工作组(WG3)、安全控制与服务工作组(WG4)和身份管理与隐私保护技术工作组(WG5)。各工作组负责各自工作范围内的多项标准的开发,并根据需要设立相应的研究项目。

其中,WG5 负责身份管理与隐私保护相关标准的研制和维护。WG5 结合其工作范围和重点开发了标准路线图,概括了 WG5 已有标准项目、新工作项目提案以及将来 WG5 可能涉及的标准化主题等内容。WG5 工作组负责制定的隐私保护方面的标准已发布的有 ISO/IEC 29100:2011《信息技术 安全技术 隐私保护框架》、ISO/IEC 29101:2013《信息技术、安全技术、隐私保护体系结构框架》、ISO/IEC 29190:2015《信息技术、安全技术、隐私保护能力评估模型》、ISO/IEC 29191:2012《信息技术、安全技术、部分匿名、部分不可链接鉴别要求》和 ISO/IEC 27018:2014《信息技术、安全技术、可识别个人信息(PII)处理者在公有云中保护 PII 的实践指南》、ISO/IEC 29134:2017《信息技术、安全技术、隐私影响评估指南》和 ISO/IEC 29151:2017《信息技术、安全技术、可识别个人信息(PII)保护实践指南》。

(2) ISO/IEC JTC1 SC32 数据管理和交换分技术委员会

ISO/IEC JTC1 SC32 数据管理和交换分技术委员会(以下简称 SC32)是与大数据关系最为密切的标准化组织。该组织持续致力于研制信息系统环境内部及之间的数据管理和交换标准,为跨行业领域协调数据管理能力提供技术支持,其标准化技术内容涵盖:协调现有和新生数据标准化领域的参考模型和框架;负责数据域定义、数据类型和交换数据的语言、服务和协议等标准;负责用于构造、组织和注册元数据及共享和互操作相关的其他信息资源的方法、语言服务和协议标准等。SC32 下设有电子业务工作组(WG1)、元数据工作组(WG2)、数据库语言工作组(WG3)、多媒体和应用包工作组(WG4SQL)。SC32 的工作研究成果有 2014 年批准的国际标准《SQL 对多维数组的支持》《数据集注册元模型》《数据源注册元模型》和技术报告《SQL 对 JSON 的支持》;2015 年批准的技术报告《SQL 对多态表功能的支持》和《SQL 对多维数组的支持》等。SC32 现有的标准制定和研究工作为大数据的发展提供了良好基础。

(3) WG9

WG9 是 ISO/IEC JTC1 于 2014 年 11 月成立的大数据工作组,该工作组的工作重点包括:开发大数据基础标准,如参考架构和术语;识别大数据标准化需求;同大数据相关的 JTC1 其他工作组保持联络;同 JTC1 外的其他大数据相关标准组织保持联络。WG9 目前正在开展 ISO/IEC 20546《信息技术.大数据.概述和词汇》和 ISO/IEC 20547《信息技术.大数据参考架构》两项国际标准的编制。其中,ISO/IEC 20547 为多部分标准,包括 ISO/IEC TR 20547-1《第 1 部分:框架和应用过程》、ISO/IEC TR 20547-2《第 2 部分:用例和衍生需求》、ISO/IEC 20547-3《第 3 部分:参考架构》、ISO/IEC 20547-4《第 4 部分:安全与隐私保护》、ISO/IEC TR 20547-5《第 5 部分:标准路线图》。

其中,ISO/IEC 20547-4《信息技术.大数据参考架构.第 4 部分:安全与隐私保护》标准编制项目根据 ISO/IEC JTC1 JAG(JTC1 咨询小组)在 2016 年 3 月巴黎会议上的决定被转交给了 ISO/IEC JTC1 SC27,现由 SC27 下属的 WG4 和 WG5 共同负责,并任命中国专家担任项目编辑。

2. ITU-T

ITU-T 在 2013 年 11 月发布了《大数据：今天巨大，明天平常》的技术报告，并在其下属的相关研究组中开展了多项与大数据和大数据安全相关的标准化工作。

目前，ITU-T 大数据标准化工作主要集中在 SG13（第 13 研究组）、SG16（第 16 研究组）、SG17（第 17 研究组）以及 SG20（第 20 研究组）中开展。

ITU-T SG13 负责制定的大数据相关标准包括：已发布的 ITU Y.3600《大数据 基于云计算的要求和能力》以及正在开展中的 Y.Bddn-fr "基于深度保温检测的大数据驱动网络框架"标准等。

ITU-T SG17 正在开展 X.srfb "移动互联网中大数据分析的安全需求和框架"以及 X.GSBDaaS "大数据服务安全指南"等标准的研制。

3. NIST

美国国家标准与技术研究院（NIST）于 2012 年 6 月启动了大数据相关基本概念、技术和标准需求的研究，2013 年 5 月成立了 NIST 大数据公开工作组（NBG-PWG），2015 年 9 月发布了 NIST SP 1500《NIST 大数据互操作框架》系列标准（第一版），包括 7 个分册，即 NIST SP 1500-1《第 1 卷 定义》、NIST SP 1500-2《第 2 卷 大数据分类法》、NIST SP 1500-3《第 3 卷 用例和一般要求》、NIST SP 1500-4《第 4 卷 安全和隐私保护》、NIST SP 1500-5《第 5 卷 架构调研白皮书》、NIST SP 1500-6《第 6 卷 参考架构》和 NIST SP 1500-7《第 7 卷 标准路线图》。

其中，NIST SP 1500-4《第 4 册 安全与隐私保护》由 NIST NBD-PWG 的安全与隐私保护小组编写。

4. TC28

为推动和规范我国大数据产业的快速发展，培育大数据产业链，并与国际标准接轨，全国信标委在 2014 年 12 月成立了大数据标准化工作组（以下简称"工作组"），工作组主要负责制定和完善我国大数据领域的标准体系，组织开展大数据相关技术和标准的研究，推动国际标准化活动，对口 WG9。目前，工作组正在制定的国家标准有 12 项，其中《信息技术 大数据 术语》等 6 项国家标准已进入报批阶段，《信息技术 数据交易服务平台 交易数据描述》等 3 项标准已进入征求意见阶段，1 项标准完成草案，2 项标准完成草案框架。

5. TC260

为了加快推动我国大数据安全标准化工作，信息安全标委会在 2016 年 4 月成立了特别工作组，主要负责制定和完善我国大数据安全领域的标准体系，组织开展大数据安全相关技术和标准的研究。目前，特别工作组正在制定《信息安全技术 个人信息安全规范》《信息安全技术 大数据服务安全能力要求》《信息安全技术 大数据安全管理指南》等国家标准。其中，《信息安全技术 个人信息安全规范》和《信息安全技术 大数据服务安全能力要求》已经进入征求意见稿阶段。同时,特别工作组组织开展了针对大数据安全能力成熟度模型、大数据交易安全要求、数据出境安全评估等国家标准的研究工作。

7.2.4 大数据安全标准化规范

数据安全以数据为中心,重点考虑数据生命周期各阶段中的数据安全问题。大数据应用中包含海量数据,存在对海量数据的安全管理,因此在分析大数据安全相关标准时,需要对传统数据的采集、组织、存储、处理等安全相关标准进行适用性分析。此外,在大数据场景下,个人信息安全问题备受关注。由于大数据场景下的多源数据关联分析可能导致传统个人信息保护技术失效,因此大数据场景下更需要考虑个人信息安全问题,必须对现有个人信息保护技术和标准进行适用性分析。最后,大数据应用作为一个特殊的信息系统,除存在与传统信息安全一样的保密性、完整性和可用性要求外,还需要从管理角度研究大数据场景下的信息系统的安全,因此传统信息系统的大部分信息安全管理体系和管理要求标准仍然是适用的。下面是专门为大数据应用制定的大数据安全相关标准。

(1) ISO/IEC 20547-4《信息技术 大数据参考架构 第4部分:安全与隐私保护》(国际标准)

该标准分析了大数据面临的安全与隐私保护问题和相关风险,在ISO/IEC 20547-3《信息技术 大数据参考架构 第3部分:参考架构》给出的大数据参考架构(BDRA)的基础上提出了大数据安全与隐私保护参考架构(BDRA-S&P)。BDRA-S&P包括用户视角的大数据安全与隐私保护角色和活动,以及功能视角的大数据安全与隐私保护活动的功能组件。该标准还汇集了信息安全领域中已有的安全控制措施和隐私保护控制措施,作为大数据安全与隐私保护功能组件的选项。

(2) NIST 1500-4《NIST 大数据互操作框架:第4册 安全与隐私》(美国标准)

该标准聚焦于提出、分析和解决大数据特有的安全与隐私保护问题。在理解和执行安全与隐私保护的要求上,大数据触发了需求模式的根本转变,从而满足大数据体量大、种类多、速度快和易变化的特点。基础架构的安全解决方案的目标也发生了变化,例如分布式计算系统和非关系型数据存储的安全。大数据场景下,新的安全问题需要解决,其中包括平衡隐私与实用性,对加密数据开展分析和治理以及核查认证用户和匿名用户。该标准分析了特定应用场景(如医疗、政府、零售、航空等)下的大数据安全与隐私保护问题,提出了大数据安全与隐私保护的主要概念和角色,开发了一个大数据安全与隐私保护参考架构以补充NIST 大数据参考架构(NBDRA),并对行业应用案例和NBDRA之间的映射进行了相关探索。

(3)《大数据服务安全能力要求》(国家标准)

该标准定义了大数据服务业务模式、大数据服务角色、大数据服务安全能力框架和大数据服务的数据安全目标和系统安全目标,规范了大数据服务提供者的大数据服务基本安全能力、数据服务安全能力和系统服务安全能力要求,为大数据服务提供者的组织能力建设、数据业务服务安全管理、大数据平台安全建设和大数据安全运营提出了安全能力要求。该标准一方面可以为大数据服务提供者提升大数据服务安全能力提供指导,另一方面可以为第三方机构对大数据服务安全测评提供依据。

该标准将大数据服务安全能力分为一般要求和增强要求。大数据服务提供者应依据大数据框架服务模式和大数据应用模式,根据大数据系统所存储和分析数据的敏感度和业务重要性提供相应级别的大数据服务安全能力。

(4)《大数据安全管理指南》(国家标准)

该标准分析了数据生命周期各阶段中的主要安全风险,尤其是在数据转移的环节中,该标准对角色提出了安全管理要求。该标准指导大数据生态环境中各角色安全地管理和处理大数据,以形成一个安全的大数据环境,确定各角色的责任和行为规范,为各角色安全地处理大数据提出管理和技术要求。该标准规范了大数据处理中的各个关键环节,为大数据应用和发展提供了安全的规范原则,解决了数据开放、共享中的基本问题。

7.2.5 大数据安全标准体系框架

基于国内外大数据安全实践及标准化现状,参考大数据安全标准化需求,结合未来大数据安全发展趋势,信安标委会下设的特别工作组发布的《大数据安全标准化白皮书(2017)》构建了如图 7-1 所示的大数据安全标准体系框架。该标准体系框架由 5 个类别的标准组成,分别为基础类标准、平台和技术类标准、数据安全类标准、服务安全类标准和行业应用类标准。

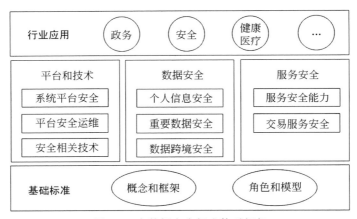

图 7-1 大数据安全标准体系框架

1. 基础类标准

基础类标准为整个大数据安全标准体系框架提供概述、术语、参考架构等基础标准,明确大数据生态中各类安全角色及相关的安全活动或功能定义,为其他类别标准的制定奠定基础。

2．平台和技术类标准

该类标准主要针对大数据服务所依托的大数据基础平台、业务应用平台及其安全防护技术、平台安全运行维护及平台管理方面的规范，包括系统平台安全、平台安全运维和安全相关技术三个部分。

（1）系统平台安全

系统平台安全主要涉及基础设施、网络系统、数据采集、数据存储、数据处理等多层次的安全防护技术。

（2）平台安全运维

平台安全运维主要涉及大数据系统在运行维护过程中的风险管理、系统测评等技术和管理类标准。

（3）安全相关技术

安全相关技术主要涉及分布式安全计算、安全存储、数据溯源、密钥服务、细粒度审计等安全防护技术。

3．数据安全类标准

该类标准主要包括个人信息、重要数据、数据跨境安全等安全管理与技术标准，覆盖数据生命周期的数据安全，包括分类分级、去标识化、数据跨境、风险评估等内容。

4．服务安全类标准

该类标准主要是针对大数据服务过程中的活动、角色与职责、系统和应用服务等要素提出的服务安全类标准，包括安全要求、实施指南及评估方法；针对数据交易、开放共享等应用场景提出交易服务安全类标准，包括大数据交易服务安全要求、实施指南及评估方法。

5．行业应用类标准

该类标准主要是针对重要行业和领域的大数据应用，涉及国家安全、国计民生、公共利益的关键信息基础设施的安全防护，形成面向重要行业和领域的大数据安全指南，指导相关的大数据安全规划、建设和运营工作。

7.2.6 大数据安全策略

大数据的安全策略包括存储方面的安全策略、应用方面的安全策略和管理方面的安全策略。

1．大数据存储安全策略

基于云计算架构的大数据，其数据的存储和操作都是以服务的形式提供的。目前，大数据的安全存储采用虚拟化海量存储技术存储数据资源，涉及数据传输、隔离、恢复等问题。解决大数据的安全存储需要使用以下策略。

（1）数据加密

在大数据安全服务的设计中,大数据可以按照数据安全存储的需求被存储在数据集的任何存储空间,通过 SSL(安全套接层)加密实现在数据集的节点和应用程序之间移动保护大数据。在大数据的传输服务过程中,加密为数据流的上传与下载提供有效的保护,应用隐私保护和外包数据计算屏蔽网络攻击。目前,PGP 和 Truecrypt 等程序都提供了强大的加密功能。

（2）分离密钥和加密数据

使用加密将数据使用与数据保管分离,把密钥与要保护的数据隔离开,同时定义产生、存储、备份恢复等密钥管理生命周期。

（3）使用过滤器

通过过滤器的监控,一旦发现数据离开了用户的网络,就自动阻止数据再次传输。

（4）数据备份

通过系统容灾、敏感信息集中管控和数据管理等产品实现端对端的数据保护,确保大数据在损坏的情况下实现安全管控。

2. 大数据应用安全策略

随着大数据应用所需技术和工具的快速发展,大数据应用安全策略主要从以下几方面着手。

（1）防止 APT 攻击

借助大数据处理技术,针对 APT 安全攻击隐蔽能力强、潜伏期长、攻击路径和渠道不确定等特征,设计具备实时检测能力与事后回溯能力的全流量审计方案,提醒隐藏有病毒的应用程序。

（2）用户访问控制

大数据的跨平台传输应用在一定程度上会带来内在风险,可以根据大数据的机密程度和用户需求的不同对大数据和用户设定不同的权限等级,并严格控制访问权限。而且,通过单点登录的统一身份认证与权限控制技术可以对用户访问进行严格控制,有效保证大数据应用安全。

（3）整合工具和流程

通过整合工具和流程确保大数据应用安全处于大数据系统的顶端。在整合点平行于现有的连接的同时,减少通过连接企业或业务线的 SIEM 工具输出到大数据安全仓库,以防止这些被预处理的数据暴露算法和溢出加工后的数据集。同时,通过设计一个标准化的数据格式简化整合过程,同时可以改善分析算法的持续验证。

（4）数据实时分析引擎

数据实时分析引擎融合了云计算、机器学习、语义分析、统计学等多个领域,通过数据实时分析引擎从大数据中第一时间挖掘出黑客攻击、非法操作、潜在威胁等各类安全事件,第一时间发出警告响应,同时可以配置各种基于硬件的解决方案。

3. 大数据管理安全策略

通过技术保护大数据的安全固然重要,但管理也很关键。大数据管理安全策略主要有规范建设、建立以数据为中心的安全系统、融合创新。

7.3 大数据安全保障技术

当前亟须针对大数据面临的用户隐私保护、数据内容可信验证、访问控制等安全挑战展开大数据安全关键技术研究。本节选取部分重点相关研究领域予以介绍。

7.3.1 数据溯源技术

早在大数据概念出现之前,数据溯源(Data Provenance)技术就在数据库领域得到了广泛研究,其基本出发点是帮助人们确定数据仓库中各项数据的来源,例如了解它们是由哪些表中的哪些数据项运算而成的,据此可以方便地验算结果的正确性或者以极小的代价进行数据更新。数据溯源的基本方法是标记法,如在文献中通过对数据进行标记以记录数据在数据仓库中的查询与传播历史。后来数据溯源的概念进一步细化为 why 和 where 两类,分别侧重数据的计算方法和数据的出处。除数据库以外,还包括 XML 数据、流数据与不确定数据的溯源技术。

数据溯源技术也可用于文件的溯源与恢复。例如,文献通过扩展 Linux 内核与文件系统创建了一个数据起源存储原型系统,可以自动搜集起源数据。此外还有数据溯源技术在云存储场景中的应用。

1. 数据溯源模型

目前,数据溯源模型主要有流溯源信息模型、时间-值中心溯源模型、四维溯源模型、开放的数据溯源模型、Provenir 数据溯源模型、数据溯源安全模型、PrInt 数据溯源模型等,这些模型都建立在不同领域、不同行业。下面简单介绍几种模型。

(1)流溯源信息模型

该模型由 6 个相关实体构成,主要包括流实体(变化事件实体、元数据实体和查询输入实体)和查询实体(变化事件实体接收查询输入实体,包括元数据实体)。实体之间关系密切,通过这种密切的关系可以根据数据的溯源时间推断数据溯源。

(2)时间-值中心溯源模型

该模型是一种简单有效的溯源模型,是一种专门支持医疗领域数据源特点的模型,专门处理医疗事件流的溯源信息,它可以根据数据中的时间戳和流 ID 号推断医疗事件的序列和原始数据溯源。

(3)四维溯源模型

此模型将溯源看成是一系列离散的活动集,这些活动发生在整个工作流生命周期中,并由四个维度(时间、空间、层和数据流分布)组成。四维溯源模型通过时间维区分在标注链中处于不同活动层的多个活动,进而通过追踪发生在不同工作流组件中的活动捕获工作流溯源和支持工作流执行的数据溯源。

(4) Provenir 数据溯源模型

该模型使用 W3C 标准对模型加以逻辑描述,考虑了数据库和工作流两个领域的具体细节,从模型、存储到应用等方面形成了一个完整体系,成为了首个完整的数据溯源管理系统,并用分类的方式阐明它们之间的相互关系。该模型提供对数据产生历史的元数据进行修改的功能,并使用物化视图的方法有效地解决了数据溯源的存储问题。

(5) 数据溯源安全模型

该模型利用了密钥树再生成的方法并引入了时间戳参数,可以有效地防止他人恶意篡改溯源链中的溯源记录,对数据对象在生命周期内修改行为的记录按时间顺序组成溯源链,用文档记载数据的修改行为。当进行各种操作时,文档随着数据的演变而更新其内容,通过对文档添加一些无法修改的参数,如时间戳、加密密钥和校验等限制操作权限,保护溯源链的安全。

(6) PrInt 数据溯源模型

该模型是一种支持实例级数据一体化进程的数据溯源模型,主要集中解决一体化进程系统中不允许用户直接更新异构数据源而导致数据不一致的问题。由 PrInt 提供的再现性是基于日志记录的,并将数据溯源纳入一体化进程。

以上 6 种模型是比较经典的模型,其中,四维溯源模型支持动态地构建数据溯源图,能根据一系列溯源时间以及数据节点和服务所构成的数据流进行构建。以上几种模型除了数据溯源安全模型是介绍溯源链本身的安全以外,其他几种模型都是建立在如何实现溯本追源的基础上的。每种模型各具特点,风格不尽相同。

2. 数据溯源方法

目前,数据溯源追踪的主要方法有标注法和反向查询法。除此之外,还有通用的数据追踪法、双向指针追踪法、利用图论思想和专用查询语言追踪法以及文献提出的以位向量存储定位等方法。

(1) 标注法

标注法是一种简单且有效的数据溯源方法,使用非常广泛。标注法通过记录和处理相关的信息追溯数据的历史状态,即用标注的方式记录原始数据的一些重要信息,如背景、作者、时间、出处等,并让标注和数据一起传播,通过查看目标数据的标注获得数据的溯源。采用标注法进行数据溯源虽然简单,但存储标注信息需要额外的存储空间。

(2) 反向查询法

反向查询法也称逆置函数法。由于标注法并不适合细粒度的数据,特别是不适合大数据集中的数据溯源,于是人们提出了反向查询法,此方法是通过逆向查询或构造逆向函数对查询求逆,或者说根据转换过程反向推导,由结果追溯到原数据的过程。这种方法是在需要时才进行计算的,所以又称 lazzy 法。反向查询法的关键是需要构造出逆向函数,逆向函数构造的好与坏将直接影响查询的效果以及算法的性能,与标注法相比,反向查询法比较复杂,但其需要的存储空间比标注法要少。

3. 数据溯源的安全问题

数据溯源技术在信息安全领域发挥着重要作用,然而数据溯源技术在应用于大数据安全与隐私保护中时还面临以下挑战。

(1)数据溯源与隐私保护之间的平衡

一方面,基于数据溯源对大数据进行安全保护首先要通过分析技术获得大数据的来源,然后才能更好地支持安全策略和安全机制的工作;另一方面,数据往往本身就是隐私敏感数据,用户不希望这方面的数据被分析者获得。因此,如何平衡这两者的关系是值得研究的问题之一。

(2)数据溯源技术自身的安全性保护

当前,数据溯源技术并没有充分考虑安全问题,例如标记自身是否正确、标记信息与数据内容之间是否安全绑定等。在大数据环境下,其大规模、高速性、多样性等特点将使该问题更加突出。

7.3.2 数字水印技术

数字水印技术(Digital Watermarking)是指在既不影响数据使用,也不影响数据内容的情况下将标识信息(即数字水印)通过一些较为隐秘的方式嵌入到数据载体中。这种技术一般应用在媒体版权保护上,在文本文件和数据库上也有一定的应用。由数据的无序性、动态性等特点所决定,在数据库、文档中添加水印的方法与多媒体载体上有很大不同,其基本前提是上述数据中存在冗余信息或可容忍一定精度的误差。通过这些隐藏在载体中的信息可以达到确认内容创建者、购买者、传送隐秘信息或者判断载体是否被篡改等目的。

1. 数字水印技术的特点

数字水印技术具有以下几方面的特点。

(1)安全性

数字水印的信息应是安全的、难以篡改或伪造的,同时应当有较低的误检测率,当原内容发生变化时,数字水印应当发生变化,从而可以检测原始数据的变更;当然,数字水印同样对重复添加有很强的抵抗性。

(2)隐蔽性

数字水印应是不可知觉的,而且应不影响被保护数据的正常使用;不会降质。

(3)鲁棒性

鲁棒性是指在经历多种无意或有意的信号处理过程后,数字水印仍能保持部分完整性并能被准确鉴别。信号处理过程包括信道噪声、滤波、数/模与模/数转换、重采样、剪切、位移、尺度变化以及有损压缩编码等,用于版权保护的易损水印(Fragile Watermarking)主要用于完整性保护,这种水印同样是在内容数据中嵌入了不可见的信息。当内容发生改变时,这些水印信息会发生相应的改变,从而可以鉴定原始数据是否被篡改。

(4)水印容量

水印容量是指载体在不发生形变的前提下可嵌入的水印信息量。嵌入的水印信息必须足以表示多媒体内容的创建者或所有者的标识信息或购买者的序列号,这样有利于解决版权纠纷,保护数字产权合法拥有者的利益。隐蔽通信领域的特殊性对水印容量的需求很大。

2. 数字水印的核心技术

(1)基于小波算法的数字水印生成与隐藏算法

采用小波算法可以将数字图像的空间域数据通过离散小波变换(DWT)转换为相应的小波域系数,并根据待隐藏的信息类型对其进行适当的编码和变形,再根据隐藏信息量的大小和相应的安全目标选择方形的频域系数序列,最后将数字图像的频域系数经反变换转换为空间域数据。

(2)水印防复制技术

当仿冒者得到含有数字水印的印刷包装后,一定会设法复制(如采用高精度数字扫描仪),为防止数字水印信息被复制,数字水印嵌入软件在隐藏水印信息时采用了色谱当量给定算法,这种方法可以保证仿冒者在调整原图的色彩时会无法避免地改变色谱当量,这样就从根本上保证了水印不会被复制。

(3)抗衰减技术

从数字图像到印刷品,它们都要经过制版、印刷等多道工序,数字水印的特征在每个工序上都要被衰减,为保证数字水印在最终印刷品上有足够的信号强度,数字水印嵌入软件在生成水印信息时充分考虑了足够的信号强度,确保经过多个工序后数字水印的信号强度(鲁棒性)仍能被可靠地机读。

(4)数字水印检验机读化

数字水印检验机读化可消除人为因素的不确定性,提高检验速度,增强隐蔽信息(水印)识别的安全性,并可以和 RFID、紫外线、磁条等成熟的防伪检验设备组成多重立体防伪系统,提升综合安防水平。

3. 数字水印的分类

数字水印的生成方法有很多,也有不同方向的分类。

(1)按数字水印的特性划分

按数字水印的特性划分,可以将数字水印分为鲁棒数字水印和易损数字水印两类。

① 鲁棒数字水印。

鲁棒数字水印主要用于在数字作品中标识著作权信息,利用鲁棒水印技术可以在多媒体内容的数据中嵌入创建者、所有者的标识信息或者购买者的序列号。在发生版权纠纷时，创建者或所有者的信息用于标识数据的版权所有者，而序列号则用于追踪违反协议而为盗版提供多媒体数据的用户。用于版权保护的数字水印要求有很强的鲁棒性和安全性，除了要求在一般图像处理（如滤波、加噪声、替换、压缩等）中生存外，还需要能抵抗一些恶意攻击。

② 易损数字水印。

易损数字水印与鲁棒数字水印的要求相反，易损数字水印主要用于完整性保护，这种水印同样是在内容数据中嵌入不可见的信息。当内容发生改变时，这些水印信息会发生相应的改变，从而可以鉴定原始数据是否被篡改。易损数字水印在应对一般图像处理（如滤波、加噪声、替换、压缩等）时有较强的免疫能力（鲁棒性），同时又有较强的敏感性，即既允许一定程度的失真，又要能将失真情况探测出来。易损数字水印必须对信号的变动很敏感，人们应能根据易损数字水印的状态判断出数据是否被篡改过。

（2）按数字水印所附载的媒体划分

按数字水印所附载的媒体划分，可以将数字水印分为图像水印、音频水印、视频水印、文本水印以及用于三维网格模型的网格水印等。随着数字技术的发展，还会有更多种类的数字媒体出现，同时也会产生更多相应的水印技术。

（3）按数字水印的检测过程划分

按水印的检测过程划分，可以将数字水印分为明文水印和盲水印。明文水印在检测过程中需要原始数据，而盲水印在检测过程中只需要密钥，不需要原始数据。一般来说，明文水印的鲁棒性比较强，但其应用受到了存储成本的限制。目前，学术界研究的数字水印大多是盲水印。

（4）按数字水印的内容划分

按数字水印的内容划分，可以将数字水印分为有意义水印和无意义水印。有意义水印是指水印本身也是某个数字图像（如商标图像）或数字音频片段的编码；无意义水印则只对应于一个序列号。有意义水印的优势在于如果由于受到攻击或其他原因导致解码后的水印破损，人们仍然可以通过视觉观察确认是否存在水印。但对于无意义水印来说，如果解码后的水印序列有若干码元错误，则只能通过统计决策确定信号中是否含有水印。

（5）按数字水印的用途划分

按数字水印的用途划分，可以将数字水印分为票证防伪水印、版权保护水印、篡改提示水印和隐蔽标识水印。

① 票证防伪水印。

票证防伪水印是一类比较特殊的水印，主要用于打印票据和电子票据、各种证件的防伪标志。一般来说，因为伪币的制造者不可能对票据图像进行过多的修改，所以诸如尺度变换等信号编辑操作是不用考虑的。但另一方面，人们必须考虑票据破损、图案模糊等情况，而且考虑到快速检测的要求，用于票证防伪的数字水印算法不能太复杂。

② 版权保护水印。

版权保护水印是目前研究得最多的一类数字水印。数字作品既是商品,又是知识作品,这种双重性决定了版权标识水印主要强调隐蔽性和鲁棒性,而对数据量的要求相对较小。

③ 篡改提示水印。

篡改提示水印是一种易损水印,其目的是标识原文件信号的完整性和真实性。

④ 隐蔽标识水印。

隐蔽标识水印的目的是将保密数据的重要标注隐藏起来,以限制非法用户对保密数据的使用。

（6）按数字水印隐藏的位置划分

按数字水印隐藏的位置划分,可以将数字水印分为时（空）域数字水印、频域数字水印、时/频域数字水印和时间/尺度域数字水印。时（空）域数字水印直接在信号空间上叠加水印信息,而频域数字水印、时/频域数字水印和时间/尺度域数字水印则分别是在 DCT 变换域、时/频变换域和小波变换域上隐藏水印。

随着数字水印技术的发展,各种数字水印算法层出不穷,数字水印的隐藏位置也不再局限于上述四种。应该说,只要构成一种信号变换,就有可能在其变换空间上隐藏水印。

上述水印方案中有些可用于部分数据的验证。例如,只要残余元组数量达到阈值,就可以成功验证出水印。该特性在大数据应用场景下具有广阔的发展前景。例如,鲁棒水印类（Robust Watermark）可用于大数据的起源证明,而易损水印类（Fragile Watermark）则可用于大数据的真实性证明。数字水印是信息隐藏技术的一个重要研究方向。

7.3.3　身份认证技术

身份认证技术指通过对设备的行为数据的收集和分析获得行为特征,并通过这些特征对用户及其所用的设备进行验证以确认其身份。身份认证技术是在计算机网络中为确认操作者身份而产生的有效解决方法。计算机网络世界中的一切信息,包括用户的身份信息都是用一组特定的数据表示的,计算机只能识别用户的数字身份,所有对用户的授权也是针对用户的数字身份的授权。如何保证以数字身份进行操作的操作者就是这个数字身份的合法拥有者,即保证操作者的物理身份与数字身份相对应是身份认证技术解决的问题,作为保护网络资产的第一道关口,身份认证有着举足轻重的作用。

1. 几种常见的认证形式

（1）静态密码

用户的密码是由用户自己设定的。在网络登录时输入正确的密码,计算机就认为操作者就是合法用户。实际上,由于许多用户为了防止忘记密码而经常采用诸如生日、电话号码等容易被猜到的字符串作为密码,或者把密码抄在纸上并放在一个自认为安全的地方,这样很容易造成密码泄露。如果密码是静态的数据,则在计算机内存和传输过程中可能会被木马程序截获。因此,静态密码机制无论是使用还是部署都非常简单,但从安全性上讲,用户名/密码方式是一种不安全的身份认证方式。静态密码利用的是基于信息秘密的身份认证（what you know）方法。

目前，智能手机的功能越来越强大，里面包含了很多私人信息，人们在使用手机时为了保护信息安全，通常会为手机设置密码，由于密码是存储在手机内部，因此称之为本地密码认证。与之相对的是远程密码认证，例如在登录电子邮箱时，电子邮箱的密码是存储在邮箱服务器中的，在本地输入的密码需要发送给远端的邮箱服务器，只有和服务器中的密码一致，才被允许登录电子邮箱。为了防止攻击者采用离线字典攻击的方式破解密码，通常都会设置在登录失败达到一定次数后锁定账号，在一段时间内阻止攻击者继续尝试登录。

（2）智能卡（IC卡）

智能卡是一种内置集成电路的芯片，芯片中存有与用户身份相关的数据，智能卡由专门的厂商通过专门的设备生产，是不可复制的硬件。智能卡由合法用户随身携带，登录时必须将智能卡插入专用的读卡器以读取其中的信息，从而验证用户的身份。

智能卡认证是通过智能卡硬件的不可复制性保证用户身份不会被仿冒的。然而由于每次从智能卡中读取的数据是静态的，通过内存扫描或网络监听等技术还是可以很容易地截获用户的身份验证信息，因此其还是存在安全隐患的。智能卡利用的是基于信任物体的身份认证（what you have）方法。

智能卡自身就是功能齐备的计算机，它有自己的内存和微处理器，该微处理器具备读取和写入能力，允许对智能卡上的数据进行访问和更改。智能卡被包裹在一个信用卡大小或者更小的物体（如手机中的SIM卡就是一种智能卡）中。智能卡能够提供安全的验证机制以保护持卡人的信息，并且智能卡很难复制。从安全的角度来看，智能卡提供了在卡片中存储身份认证信息的能力，该信息能够被智能卡读卡器所读取。智能卡读卡器能够连到PC上以验证VPN连接或访问另一个网络系统的用户。

（3）短信密码

短信密码以手机短信的形式请求包含6位随机数字的动态密码，身份认证系统以短信形式发送随机的6位密码到用户的手机上，用户在登录或者交易认证时输入此动态密码，从而确保系统身份认证的安全性。短信密码利用的是基于信任物体的身份认证（what you have）方法。

短信密码具有以下优点。

• 安全性

由于手机与用户绑定得比较紧密，短信密码的生成与使用场景是物理隔绝的，因此密码在通路上被截获的概率极低。

• 普及性

只要能接收短信即可使用，大幅降低了短信密码技术的使用门槛，学习成本几乎为零，所以其在市场接受度上不会存在阻力。

· 易收费

由于移动互联网用户天然养成了付费的习惯,这是和 PC 时代的互联网截然不同的理念,而且收费通道非常发达,如网银、第三方支付、电子商务可将短信密码作为一项增值业务,每月通过 SP 进行收费也不会有阻力,因此可增加收益。

· 易维护

由于短信网关技术非常成熟,因此大幅降低了短信密码系统的复杂度和风险,短信密码业务的后期客服成本低,稳定的系统在提升安全性的同时也营造了良好的口碑效应,这也是目前银行大量采纳这项技术的重要原因。

（4）动态口令

动态口令是目前最安全的身份认证方式,其也利用基于信任物体的身份认证（what you have）方法,也是一种动态密码。

动态口令牌是由用户手持的用来生成动态密码的终端,主流的是基于时间同步方式的动态口令牌,每 60 秒变换一次动态口令,口令一次有效,它可以产生 6 位动态数字并进行一次一密的认证。

但是由于基于时间同步方式的动态口令牌存在 60 秒的时间窗口,导致该密码在这 60秒内存在风险,因此现在已有基于事件同步的、双向认证的动态口令牌。基于事件同步的动态口令利用用户动作触发的同步原则,真正做到了一次一密,并且由于是双向认证,即在服务器验证客户端的同时客户端也需要验证服务器,从而达到了杜绝木马网站的目的。

由于动态口令牌使用起来非常便捷,85％以上的世界 500 强企业都使用它保护登录安全,因此其广泛应用在 VPN、网上银行、电子政务、电子商务等领域。

· USB Key

基于 USB Key 的身份认证方式是一种方便、安全的身份认证技术,它采用软硬件相结合、一次一密的强双因子认证模式,很好地解决了安全性与易用性之间的矛盾。USB Key是一种具有 USB 接口的硬件设备,内置单片机或智能卡芯片,可以存储用户的密钥或数字证书,并利用 USB Key 内置的密码算法实现对用户身份的认证。基于 USB Key 身份认证的系统主要有两种应用模式:一种是基于冲击/响应的认证模式,另一种是基于 PKI 体系的认证模式,目前运用在电子政务、网上银行等领域。

· OCL

OCL 不但可以提供身份认证功能,同时还可以提供交易认证功能,可以最大限度地保证网络交易的安全。OCL 是智能卡数据安全技术和 U 盘相结合的产物,为数据安全解决方案提供了一个强有力的平台,为用户提供了坚实的身份识别和密码管理方案,为网上银行、期货、电子商务和金融传输等提供了坚实的身份识别和真实的交易数据的保证。

（5）数字签名

数字签名又称电子加密,它可以区分真实数据与伪造、被篡改过的数据,这对于网络数据传输,特别是电子商务是极其重要的,一般采用一种称为摘要的技术。摘要技术主要是利用 Hash 函数的一种计算过程：输入一个长度不固定的字符串，返回一个定长的字符串，又称 Hash 值，将一段长的报文通过函数变换转换为一段定长的报文，即摘要。身份识别是指用户向系统出示自己身份证明的过程，主要使用约定口令、智能卡和用户指纹、视网膜和声音等生理特征。数字证明机制提供利用公开密钥进行验证的方法。

（6）生物识别

生物识别是运用基于生物特征的身份认证（who you are）方法，通过可测量的身体或行为等生物特征进行身份认证的一种技术。生物特征指唯一的可测量或可自动识别和验证的生理特征或行为方式。一般使用传感器或者扫描仪读取生物的特征信息，将读取的信息和用户在数据库中的特征信息进行比对，如果一致则通过认证。

生物特征分为身体特征和行为特征两类。身体特征包括声纹、指纹、掌形、视网膜、虹膜、人体气味、脸形、手掌的血管纹理和 DNA 等；行为特征包括签名、语音、行走步态等。一般将视网膜识别、虹膜识别和指纹识别等归为高级生物识别技术；将掌形识别、脸形识别、语音识别和签名识别等归为次级生物识别技术；将血管纹理识别、人体气味识别、DNA 识别等归为"深奥的"生物识别技术。

目前应用最多的是指纹识别技术，应用领域有门禁系统、微型支付等。例如日常使用的部分手机和笔记本计算机已具有指纹识别功能，在使用这些设备前，无须输入密码，只要将手指在扫描器上轻轻一按就能进入设备的操作界面，非常方便，而且他人很难复制。

生物特征识别的安全隐患在于一旦生物特征信息在数据库存储或网络传输中被盗取，攻击者就可以执行某种身份欺骗攻击，并且攻击对象会涉及所有使用生物特征信息的设备。

（7）安全身份认证

网络安全准入设备制造商联合国内专业网络安全准入实验室推出了安全身份认证准入控制系统。

目前最流行的就是双因素身份认证，它将两种认证方法相结合，进一步加强了认证的安全性，目前使用最为广泛的双因素有动态口令牌＋静态密码、USB Key＋静态密码、双层静态密码等。

iKEY 双因素动态密码身份认证系统（以下简称 iKEY 认证系统）是由上海众人网络安全技术有限公司自主研发的基于时间同步技术的双因素认证系统，是一种安全便捷、稳定可靠的身份认证系统，其强大的用户认证机制替代了传统的基本口令安全机制，从而消除了因口令欺诈而导致的损失，可以防止恶意入侵者对资源的破坏，解决了因口令泄露而导致的所有入侵问题。iKEY 认证服务器是 iKEY 认证系统的核心部分，其与业务系统通过局域网相连接。iKEY 认证服务器控制着所有上网用户对特定网络的访问，提供严格的身份认证，上网用户只能根据业务系统的授权访问系统资源。iKEY 认证服务软件具有自身数据安全保护功能，所有用户数据经加密后都存储在数据库中，其中，iKEY 认证服务器与管理工作站的数据传输是以加密传输的方式进行的。

（8）门禁应用

身份认证技术是门禁系统发展的基础，非接触式射频卡具有无机械磨损、寿命长、安全性高、使用简单、难以复制等优点，因此成为了业界备受关注的新军。从识别技术上看，RFID技术的运用是非接触式卡的潮流，更快的响应速度和更高的频率是其未来的发展趋势。

19世纪80至90年代，计算机和光学扫描技术的飞速发展使得指纹提取成为现实。图像设备的引入和处理算法的出现又为指纹识别应用提供了条件，促进了生物识别门禁系统的发展和应用。研究表明，指纹、掌纹、面部、视网膜、静脉、虹膜、骨骼等都具有个体的唯一性和稳定性特点，且这些特点一般终生不会变化，因此可以利用这些特征作为判别人员身份的依据，因此产生了基于这些特点的生物识别技术。由于人体的生物特征具有可靠、唯一、终身不变、不会遗失和不可复制的特点，所以基于生物识别的门禁系统从识别的方式上讲其安全性和可靠性最高。目前，国内外研究和开发的门禁系统主要有非接触感应式和基于生物识别技术的门禁系统。生物识别技术门禁中尤其以指纹识别使用得最广泛。

2. 基于大数据认证技术的优缺点

基于大数据的认证技术指收集用户行为和设备行为数据，并对这些数据进行分析，以获得用户行为和设备行为的特征，进而通过鉴别操作者行为及其设备行为确定其身份，其与传统认证技术利用用户所知的秘密、所持有的凭证或具有的生物特征确认其身份有很大不同。具体地，这种新的认证技术具有以下优点。

（1）攻击者很难模仿用户的行为特征以通过认证

利用大数据技术所能收集的用户行为和设备行为数据是多样的，包括用户使用系统的时间、经常采用的设备、设备所处的物理位置甚至用户的操作习惯。通过对这些数据进行分析能够为用户勾画出一个行为特征的轮廓。攻击者很难在方方面面都模仿用户的行为，因此其与真正用户的行为特征轮廓必然存在较大偏差，无法通过认证。

（2）减小了用户负担

用户行为和设备行为特征数据的采集、存储和分析都由认证系统完成。相比于传统认证技术，极大地减轻了用户负担。

（3）可以更好地支持系统认证机制的统一

基于大数据的认证技术可以让用户在整个网络空间采用相同的行为特征进行身份认证，避免了不同系统采用不同认证方式的情况，杜绝了因用户所知秘密或所持有凭证的各不相同所带来的种种不便。

虽然基于大数据的认证技术具有上述优点，但其同时也存在一些问题亟待解决。

（1）初始阶段的认证问题

基于大数据的认证技术建立在大量用户行为和设备行为数据分析的基础上，而初始阶段是不具备大量数据的，因此在初始阶段无法分析出用户行为特征或者分析结果不够准确。

（2）用户隐私问题

基于大数据的认证技术为了能够获得用户的行为习惯,必然要长期持续地收集大量的用户数据,如何在收集和分析这些数据的同时确保用户隐私安全也是亟待解决的问题,这一点也是影响这种新的认证技术是否能够推广的主要因素。

7.3.4 数据发布匿名保护技术

为了从大数据中获益,数据持有方有时需要公开发布自己的数据,这些数据通常包含一定的用户信息,服务方在数据发布之前需要对数据进行处理,使用户隐私免遭泄露。此时,确保用户隐私信息不被恶意的第三方获取是极为重要的。一般地,用户更希望攻击者无法从数据中识别出自身的隐私信息,匿名技术就是这种思想的一种实现。

对于大数据中的结构化数据(或称关系数据)而言,数据发布匿名保护技术是实现隐私保护的关键技术与基本手段。所谓数据发布匿名就是指在确保所发布的信息数据公开可用的前提下,隐藏公开数据记录与特定个体之间的对应联系,从而保护个人隐私。实践表明,仅删除数据表中有关用户身份的属性以作为匿名实现方案是无法达到预期效果的。现有的方案有静态匿名(以信息损失为代价,不利于数据挖掘与分析)、个性化匿名、带权重的匿名等技术。后两类匿名技术可以给予每条数据记录以不同程度的匿名保护,减少了不必要的信息损失。

1. 大数据中的静态匿名技术

在静态匿名技术中,数据发布方需要对数据中的准标识码进行处理,使得多条记录具有相同的准标识码组合,这些具有相同准标识码组合的记录集合被称为等价组。

（1）k-匿名技术

k-匿名技术指每个等价组中的记录个数为 k,即针对大数据的攻击者在进行链接攻击时对于任意一条记录的攻击都会同时关联到等价组中的其他 $k-1$ 条记录。这种特性使得攻击者无法确定与特定用户相关的记录,从而保护了用户的隐私。攻击者在进行链接攻击时,至少将无法区分等价组中的 k 条数据记录。

（2）l-diversity 匿名技术

若等价组在敏感属性上取值单一,则即使攻击者无法获取特定用户的记录,但仍然可以获得目标用户的隐私信息。l-diversity 匿名技术解决了这个问题。l-diversity 保证每一个等价组的敏感属性至少有 n 个不同的值,l-diversity 使得攻击者最多以 $1/n$ 的概率确认某个个体的敏感信息,这使得等价组中敏感属性的取值更加多样化,从而避免了 k-匿名技术中的敏感属性取值单一所带来的缺陷。

（3）t-closeness 匿名技术

若等价组中敏感值的分布与整个数据集中敏感值的分布具有明显的差别,则攻击者有一定的概率猜测到目标用户的敏感属性值,t-closeness 匿名技术因此应运而生。t-closeness 匿名技术以 EMD(Earth Mover's Distance)衡量敏感属性值之间的距离,并要求等价组内敏感属性值的分布特性与整个数据集中敏感属性值的分布特性之间的差异尽可能小,即在l-diversity 匿名技术的基础上,t-closeness 匿名技术考虑了敏感属性的分布问题,它要求所有等价组中的敏感属性值的分布尽量接近该属性的全局分布。

上述匿名技术都会造成较大的信息损失。在使用数据时,这些信息损失有可能使得数据使用者做出误判。不同的用户对于自身的隐私信息有着不同程度的保护要求,使用统一的匿名标准显然会造成不必要的信息损失,个性化匿名技术因此应运而生,它可以根据用户的要求为发布数据中的敏感属性值提供不同程度的隐私保护。对于大数据的使用者而言,属性与属性之间的重要程度往往并不相同。例如,对于医学研究者而言,一个患者的住址或者工作单位显然不如他的年龄、家族病史等信息重要。根据这种思想,带权重的匿名技术会为记录的属性赋予不同的权重。较为重要的属性具有较大的权重,从而为其提供较强的隐私保护,其他属性则以较低的标准进行匿名处理,以此尽可能地减少重要属性的信息损失。各级匿名标准提供的匿名效果不同,相应的信息损失也不同,以此避免了不必要的信息损失,从而显著提高发布数据的可用性。

数据发布匿名最初只考虑了发布后不再变化的静态数据,但在大数据环境中,数据的动态更新是大数据的重要特点之一。一旦数据集更新,数据发布者便需要重新发布数据,以保证数据的可用性。此时,攻击者可以对不同版本的发布数据进行联合分析与推理,从而使上述基于静态数据的匿名策略失效。

2. 大数据中的动态匿名技术

针对大数据持续更新的特性,研究者提出了基于动态数据集的匿名技术,这些匿名技术不但可以保证每一次发布的数据能满足某种匿名标准,也可以使攻击者无法通过联合历史数据进行分析和推理。这些动态匿名技术包括支持新增数据的重发布匿名技术、m-invariance 匿名技术、HD-composition 匿名技术等。

(1) 支持新增数据的重发布匿名技术

支持新增数据的重发布匿名技术使得数据集即使因为新增数据而发生改变,但多次发布后的不同版本的公开数据仍然能满足 l-diversity 准则,以保证用户的隐私。在这种匿名技术中,数据发布者需要集中管理不同发布版本中的等价组,若新增的数据集与先前版本的等价组无交集并能满足 l-diversity 准则,则可以将其作为新版本发布数据中的新等价组,否则需要等待。若新增的数据集与先前版本的等价组有交集,则需要将其插入最为接近的等价组中;若一个等价组过大,则还需要对等价组进行划分,以形成新的较小的等价组。

(2) m-invariance 匿名技术

为了在支持新增操作的同时支持数据重发布对历史数据集的删除,m-invariance 匿名技术应运而生。对于任意一条记录,只要此记录所在的等价组在前后两个发布版本中具有相同的敏感属性值集合,那么不同发布版本之间的推理通道就可以被消除。因此为了保证这种约束,这种匿名技术引入了虚假的用户记录,这些虚假的用户记录不对应任何原始数据记录,它们只是为了消除不同数据版本之间的推理通道而存在。在这种匿名技术中,为了对应这些虚假的用户记录,还引入了额外的辅助表标识等价组中的虚假记录数目,以保证数据使用时的有效性。

（3） HD-composition 匿名技术

研究者发现在不同版本的数据发布中,敏感属性可分为常量属性与可变属性两种,研究者为了支持数据重发布对历史数据集的修改而又提出了 HD-composition 匿名技术。这种匿名技术同时支持数据重发布的新增、删除与修改操作,为由于数据集的改变而发生的重发布操作提供了有效的匿名保护。

在大数据环境下,海量数据规模使得匿名技术的效率变得至关重要。研究者结合大数据处理技术实现了一系列传统的数据匿名技术,提高了匿名技术的效率。下面介绍提高大数据匿名处理效率的技术。

3. 大数据中的匿名并行化处理

大数据环境下的数据匿名技术也是大数据环境下的数据处理技术之一,通用的大数据处理技术也能应用于数据匿名发布这一特定目的。当前,大数据环境下数据匿名技术的思想和模型与传统的数据匿名技术一致,主要的不同与问题在于如何使用大数据环境下的相关技术实现先前的各类数据匿名算法。

分布式多线程是主流的解决思路,一类实现方案是利用特定的分布式计算框架实施通常的匿名策略;另一类实现方案是将匿名算法并行化,使用多线程技术加速匿名算法的计算效率,从而节省大数据中的匿名并行化处理的计算时间。

使用已有的大数据处理工具与修改匿名算法的实现方式是大数据环境下数据匿名技术的主要趋势,这些技术能极大地提高了数据匿名处理的效率。除此之外,大数据环境为信息的搜集、存储与分析提供了更为强大的支持,攻击者的能力也随之提高,从而使匿名保护变得更为困难,研究者需要付出更多的努力以确保大数据环境下的匿名安全。此外,数据的多源化为数据发布匿名技术带来了新的挑战,攻击者可以从多个数据源中获得足够的数据信息以对发布数据进行去匿名化。

7.3.5　社交网络匿名保护技术

社交网络产生的数据是大数据的重要来源之一,这些数据中包含大量用户隐私数据。从表面上看,活跃于社交网络上的信息并不会泄露个人隐私。但事实上,几乎任何类型的数据都如同用户的指纹一样,能够通过辨识找到其拥有者。在当今社会,一旦用户的通话记录、电子邮件、银行账户、信用卡信息、医疗信息等大规模效据被无节制地搜集、分析与利用,那么用户都将"被透明",不仅个人隐私荡然无存,还将引发一系列社会问题。因为用户的个性化信息与用户隐私密切相关,所以互联网服务提供商必须在对用户数据进行匿名化处理之后才能提供共享或对外发布。由于社交网络具有图结构特征,因此其匿名保护技术与结构化数据有很大不同。

社交网络中的典型匿名保护需求为用户标识匿名与属性匿名（又称点匿名）,即在数据发布时隐藏用户的标识与属性信息,以及用户关系匿名(又称边匿名),即在数据发布时隐藏用户之间的关系。而攻击者则试图利用节点的各种属性(度数、标签、某些具体的连接信息等)重新识别出图节点中的身份信息。

目前,社交网络服务的匿名方法有 4 种方案:朴素匿名方案、基于结构变换的匿名方案、基于超级节点的匿名方案、差分隐私保护方案。

1. 朴素匿名方案

为了保护隐私,朴素匿名方案会直接删除诸如用户名、姓名、电话号码等敏感信息,同时完全保留其他描述信息和社交关系结构图,图 7-2 中的匿名数据包括学生的社交关系和成绩等,而学生的姓名都被替换成了随机数字,目前此方法应用得最为广泛。

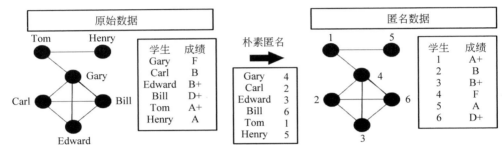

图 7-2 社交关系结构图的朴素匿名

在很多实际应用场景中,假定攻击者有途径获取少量真实用户的部分信息(辅助信息),例如用户对应节点的读数(朋友数量)、邻居节点的拓扑结构(朋友之间的关系)或节点附近任意范围的子图。攻击者可以利用这些辅助信息在发布的数据中匹配此类信息以定位目标用户,因此匿名数据可能存在泄露隐私的风险。

2. 基于结构变换的匿名方案

为了克服朴素匿名的缺陷,研究者又提出来一系列针对不同类型的隐私威胁的匿名化算法。匿名化算法可以修改社交关系结构图的结构和描述,使其不能与攻击者所掌握的辅助信息精确匹配,从而实现了隐私保护。通常而言,对社交关系结构图的改动越大,隐私保护性能越好,但同时也引入了噪音,降低了数据的可用性。

基于结构变换的匿名方案是最为典型的社交网络匿名方案,其特点是对社交网络中的边、节点进行增、删、交换等变换以实现匿名。该方案的基本思想是使部分虚拟节点尽可能相似,隐藏各个节点的个性化特征,从而使攻击者无法唯一确定其攻击对象。典型的结构变换匿名方案是通过调整度数相似的节点的度数、增加或删除边、增添噪音节点等使得每个节点至少与其他 $k-1$ 个节点的度数相同,使攻击者无法通过节点度数唯一地识别出其攻击目标。在基本方案的基础上,研究者又提出了多种变体,并逐步将匿名考量的参数范围扩大,包括相邻节点的度数、邻居结构等。

也有研究者提出了根据社交结构的其他特征进行结构变换的方案,例如随机增删、交换边的方案。该方案要求在匿名过程中保持图的邻接矩阵特征值和对应的拉普拉斯矩阵第二特征值不变,从而提高数据的可用性。基于等价类方案的思想则是根据节点的不同特征将其划分为不同的等价类,将部分社交连接的顶点用与其等价类相同的其他顶点代替,此类方案通常是等概率地随机选取边或节点进行增删和交换。具体来说,随机删除方法是从图中等概率地选取一定比例的边,然后将其删除;随机扰动方法则是先以相同的方式删除一定比例的边,然后随机添加相同数量的边,使得匿名化后的图与原图的边数相等;随机交换方法则不仅保证了总边数不变,也保证了每个节点的度数不变。

基于结构变换的匿名方案的优势非常明显。首先,此类方案会挑选较为相似的节点进行改造,能够很好地保持图结构的基本特征,也易于实现。其次,此类方案在一定程度上实现了节点的模糊化,使得节点的部分结构特征变得不明显,加大了攻击者的识别难度,能够保护用户隐私。但此类方案的缺点也十分突出,即其仅仅考虑了节点和边的特征,边和节点的增删与交换的随机性比较大,且并未考虑其实际意义,可能导致在并不相关甚至差异明显的节点之间建立连接,影响数据分析结果的一致性。而且,此类方案添加的噪音过于分散和稀少,并不能抵抗针对特定匿名边的分析攻击,攻击者仍可以借助一系列去匿名化攻击手段分析出特定的一对节点之间是否存在社交连接。

3. 基于超级节点的匿名方案

另一个重要思路是基于超级节点对图结构进行分割和集类操作,匿名后的社交关系结构图与原始社交关系结构图存在较大区别。这类匿名方案基于聚类节点信息的统计发布,能够避免攻击者识别出超级节点内部的真实节点,从而实现了用户隐私保护。虽然该方案能够实现边的匿名,但也在很大程度上改变了图数据的结构,使得数据的可用性大幅降低。

4. 差分隐私保护方案

差分隐私是一种通用且具有见识的由数学理论支持的隐私保护框架,可以在攻击者掌握任意背景知识的情况下对发布数据提供隐私保护。该方案关注社交网络中一个元素的增加或缺失是否会对查询结果产生显著影响,通过向查询或者查询结果插入噪音进行干扰,从而实现隐私保护。作为一种新型的隐私保护技术,差分隐私保护在理论研究和实际应用等方面都具有重要价值,它通过对原始数据变换后的内容或者统计分析结果数据添加噪音以达到隐私保护的效果。在数据集中插入或者删除数据不会影响任何查询(如计数查询)的结果。

近年来,研究人员设计了一系列差分隐私算法,但是这些算法对攻击者的能力都存在一些特殊假设,如强调攻击者了解节点的度数、属性个数等特征。而在如 Facebook、Twitter、微博等节点迅速变化的社交网络中,用户的社交变化频繁,假定攻击者能精确地限定攻击目标的度数一般是不合理的。实际上,攻击者对攻击目标的了解通常是全面但不深入的。例如,攻击者可能了解攻击目标具有某个特定属性和某些社交关系连接等,但他不清楚该目标的其他属性,也不了解其属性个数。攻击者会通过各类综合分析从海量数据集中过滤出攻击目标以提高攻击成功的概率。如果假定攻击者仅依靠单一特征锁定攻击目标,则实际上大幅低估了攻击者的信息收集能力。因此,建立合理的攻击者能力模型也是当前隐私保护方案需要解决的问题。

社交网络匿名方案面临的重要问题是攻击者可能通过其他公开信息推测出匿名用户,尤其是用户之间是否存在连接关系。例如,可以基于弱连接对用户可能存在的连接进行预测,适用于用户关系较为稀疏的网络;根据现有社交结构对人群中的等级关系进行恢复和推测;针对微博型的复合社交网络进行分析与关系预测;基于限制随机游走方法推测不同连接关系存在的概率,等等。研究表明,社交网络的集聚特性对于关系预测方法的准确性具有重要影响,如果社交网络的局部连接密度增长,集聚系数增大,则连接预测算法的准确性也会进一步增强。因此,未来的匿名保护技术应可以有效地抵抗此类推测攻击。

大数据不仅为人们的生产生活带来了便利,也为人们带来了一定的安全挑战。随着时代的发展,人们越来越意识到隐私信息的重要性,逐渐将信息安全放在首位。但根据目前的发展状况而言,人们还有很长的路要走。要想做到真正意义上的数据安全,就必须对大数据环境中的漏洞进行分析,有针对性地进行安全与隐私保护技术的发展。通过数据溯源技术、数字水印技术、身份认证技术、数据发布匿名保护技术、社交网络匿名保护技术等进行深入研究,同时建立相应的法规法律,对大数据环境进行全面保护。

7.4 云安全

云存储的到来和云计算的产生引入了另一个人们必须面对的问题——云安全。

7.4.1 云安全的概念

云安全(Cloud Security)技术是网络时代信息安全的最新体现,它融合了并行处理、网格计算、未知病毒行为判断等新兴的技术和概念,通过网状的大量客户端对网络中的软件行为异常进行监测,以获取互联网中木马、恶意程序的最新信息,并推送到 Server 端进行自动分析和处理,最终把病毒和木马的解决方案分发到每一个客户端。

云安全是一群探针的结果上报和专业处理结果的分享,云安全的好处是在理论上可以把病毒的传播范围控制在一定区域内,和探针的数量、存活时间以及处理病毒的速度有关。

传统的上报是人为手动的,而云安全可以在系统内自动快捷(几秒钟内)地完成,这种上报是最及时的,人工上报做不到这一点。理想状态下,从一个盗号木马开始攻击某台计算机,到整个云安全网络对其拥有免疫和查杀能力仅需几秒的时间。

要想建立云安全系统并使之正常运行,需要解决以下四大问题。

1. 需要海量的客户端(云安全探针)

只有拥有海量的客户端,才能对互联网上出现的恶意程序和危险网站具有最灵敏的感知能力。一般而言,安全厂商的产品使用率越高,反应应当越快,最终应当能够实现无论哪个网民中毒或访问挂马网页都能在第一时间做出反应。

2. 需要专业的反病毒技术和经验

当探测到恶意程序时,应当在尽量短的时间内对其进行分析,这需要安全厂商具有过硬的技术,否则容易造成样本堆积,使云安全的快速探测结果大打折扣。

3. 需要大量的资金和技术投入

云安全系统在服务器、带宽等硬件上需要极大的投入,同时要求安全厂商应当具有相应的顶尖技术团队和持续的经费投入。

4. 需要开放的系统,允许合作伙伴加入

云安全可以是一个开放的系统,其探针应当与其他软件兼容,即使用户使用不同的杀毒软件,也可以享受云安全系统带来的成果。

7.4.2　云安全的应对方式

云安全不是某款产品,也不是解决方案,而是基于云计算技术演变而来的一种互联网安全防御理念。要想保障云的安全,就必须有正确的应对方式,常见的应对方式有以下三种。

1. 漏洞扫描与渗透测试

漏洞扫描与渗透测试是所有平台即服务(Platform as a Service,PaaS)和基础设施即服务(Infrastructure as a Service,IaaS)云安全技术都必须执行的,无论它们是在云中托管应用程序还是运行服务器和存储基础设施,用户都必须对暴露在互联网中的系统的安全状态进行评估。

对于在 PaaS 和 IaaS 环境中测试 API 和应用程序的集成来说,与云供应商协作的企业应重点关注处于传输状态下的数据,以及通过绕过身份认证或注入式攻击等方式对应用程序和数据进行的潜在非法访问。

2. 云安全技术配置管理

云安全技术中最重要的要素就是配置管理,其中包括补丁管理。

在 SaaS 环境中,配置管理是完全由云供应商负责处理的。如有可能,则用户也可以通过鉴证业务准则公告(SSAE)第 16 号,服务组织控制(SOC)报告或 ISO 认证以及云安全联盟的安全、信任和保证注册证明向供应商提出一些补丁管理和配置管理的实践要求。

在 PaaS 环境中,平台的开发与维护都是由供应商负责的。应用程序配置与开发的库和工具可能是由企业用户管理的,因此安全配置标准仍然属于内部定义范畴,这些标准都应在 PaaS 环境中被应用和监控。

3. 云安全技术的安全控制

云供应商负责所有基础设施的运行,其中包括虚拟化技术、网络以及存储等各个方面。

云供应商还负责其相关代码,包括管理界面和 API,所以对开发实践和系统开发生命周期的评价也是非常有必要的。只有 IaaS 用户会对整个系统规格拥有真正的控制权;如果虚拟机是基于一个供应商提供的模板而部署的,那么在实际使用前也应对这些虚拟机进行仔细研究并确保其安全性。

7.4.3　云安全技术

云安全技术是 P2P 技术、网格技术、云计算技术等分布式计算技术混合发展、自然演化的结果。云安全技术的关键在于首先要理解用户及其需求,并设计针对这些需求的解决方案,例如全磁盘或基于文件的加密、用户密钥管理、入侵检测/防御、安全信息和事件管理(SIEM)、日志分析、双重模式身份验证、物理隔离等。

云安全技术的安全标准包括支付卡行业数据安全标准(PCI DSS),这是一个供企业保护信用卡信息的专用信息安全标准。2002 年的《萨班斯法案》(Sarbanes-Oxley Act,SOX)要求对支持企业披露准确性和可靠性的数据进行保护和存储。1996 年的《健康保险流通与责任法案》(HIPAA)规定了受保护健康电子信息的国家级安全标准。

云安全从性质上可以分为两大类,一类是用户的数据隐私保护,另一类是传统互联网和硬件设备的安全。

在云安全技术方面,首先是多租户带来的安全问题。不同用户之间需要相互隔离,以避免相互影响,云时代需要通过一些技术防止用户有意识或无意识地"串门"。

其次是采用第三方平台所带来的安全风险问题。提供云服务的厂商并非全部拥有自己的数据中心,一旦租用第三方的云平台,那么就存在服务提供商管理人员的权限问题。

1. 云计算安全参考模型

从 IT 网络和安全专业人士的视角出发,可以用统一分类的一组公用、简洁的词汇描述云计算安全架构的影响,在这个统一分类的方法中,云服务和架构可以被解构,也可以被映射到某个包含安全、可操作控制、风险评估和管理框架等诸多要素的补偿模型中,从而符合合规性标准。

云计算模型之间的关系和依赖性对于理解云计算的安全非常关键,IaaS 是所有云服务的计算,PaaS 一般建立在 IaaS 之上,而 SaaS(软件即服务)一般又建立在 PaaS 之上,它们之间的关系如图 7-3 所示。

IaaS 涵盖了从机房设备到硬件平台等所有的基础设施资源层面。PaaS 位于 IaaS 之上,其增加了一个层面用来与应用开发、中间件能力以及数据库、消息和队列等功能进行集成。PaaS 允许开发者在平台上开发应用,开发的编程语言和工具由 PaaS 支持和提供。SaaS 位于底层的 IaaS 和 PaaS 之上,其能够提供独立的运行环境,用来交付完整的用户体验,包括内容、展现、应用和管理能力。

云安全架构的一个关键特征是云服务提供商所在的等级越低,云服务用户自己所要承担的安全能力和管理职责就越多。下面就云计算安全领域中的数据安全、应用安全和虚拟

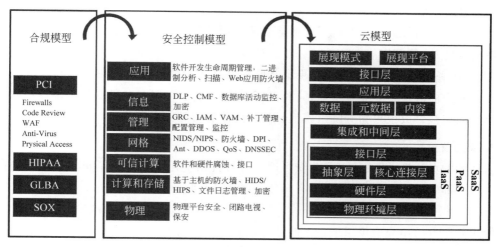

图 7-3　云计算安全参考模型

化安全等问题的应对策略和技术展开讨论。

2. 数据安全技术

云用户和云服务提供商应避免数据丢失和被窃,无论使用哪种云计算服务模式(SaaS、PaaS、IaaS),数据安全都变得越来越重要。下面针对数据传输安全、数据隔离和数据残留等方面展开讨论。

(1)数据传输安全

在把数据通过网络传输到公共云时,数据可能会被黑客窃取和篡改,数据的保密性、完整性、可用性、真实性会受到严重威胁,给云用户带来不可估量的商业损失。数据安全传输防护策略首先必须对传输数据进行加密,其次必须使用安全的传输协议,如使用 SSL 和 VPN 进行数据传输。

(2)数据隔离

云用户的数据在云服务提供商处存储时,存在数据滥用、存储位置、隔离、灾难恢复、数据审计等安全风险,因此必须对 IaaS 应用采用静止数据加密,以防止数据被云服务提供商、恶意邻居"租户"以及某些应用滥用,但是对于 PaaS 或者 SaaS 应用来说,数据是不能被加密的,因为加密的数据会妨碍索引和搜索。

PaaS 和 SaaS 应用为了实现可扩展性、可用性、管理以及运行效率等方面的"经济性",基本都采用多租户模式,因此被云计算应用使用的数据会和其他用户的数据混合存储。虽然采用了数据标记等技术以防他人非法访问混合数据,但是通过应用程序的漏洞,非法访问还是可能发生。虽然有些云服务提供商请第三方审查应用程序或应用第三方应用程序的安全验证工具以加强应用程序的安全,但出于经济性考虑,尚无法实现租户专用数据平台,因此建议不要把任何重要的敏感数据放到公共云,切实可行的办法就是建立私有云。

（3）数据残留

数据残留是指数据在以某种形式擦除后所残留的物理表现,存储介质被擦除后可能留有一些物理特性,使数据能够被重建。在云计算环境中,数据残留更有可能无意泄露敏感信息,因此云服务提供商应能向云用户保证其鉴别信息所在的存储空间在被释放或重新分配给其他云用户前能够得到完全清除,同时保证系统内的文件、目录和数据库记录等资源所在的存储空间在被释放或重新分配给其他云用户前能够得到完全清除。

3. 应用安全

云环境的灵活性、开放性以及公众可用性等特性给应用安全带来了很多挑战。提供商在云主机上部署的 Web 应用程序应当充分考虑来自互联网的威胁。

（1）终端用户安全

使用云服务的用户应该保证自己的计算机的安全,应在终端上部署安全软件,包括反恶意、防病毒、个人防火墙以及 IPS 类型的软件,并开启各项防御功能。云用户应采取必要措施以保护浏览器免受攻击,在云环境中实现端到端的安全,并定期完成浏览器打补丁和更新工作。

随着虚拟化技术的广泛应用,许多用户现在喜欢在桌面或笔记本计算机上使用虚拟机区分工作（公事与私事）。有人使用 Vmware Player 运行多重系统（如使用 Linux 作为基本系统）,通常这些虚拟机都没有达到补丁级别,这些系统被暴露在网络上更容易被黑客利用,成为"流氓"虚拟机。企业用户应该从制度上规定连接云计算应用的 PC 禁止安装虚拟机,并对 PC 进行定期检查。

（2）SaaS 应用安全

SaaS 应用提供给用户的能力是使用服务商运行在云基础设施之上的应用,用户使用各种客户端设备通过浏览器访问应用。用户并不管理或控制底层的云基础设施,如网络、服务器、操作系统、存储甚至其中的单个应用能力,除非是某些有限用户的特殊应用配置项。SaaS 模式决定了由提供商管理和维护整套应用,因此 SaaS 提供商应最大限度地确保提供给用户的应用程序和组件的安全,用户通常只需要负责操作层的安全功能,如用户和访问管理,所以在选择 SaaS 提供商时需要特别慎重。目前选择提供商的通常做法是根据保密协议要求提供商提供有关安全实践的信息,该信息应包括设计、架构、开发、黑盒与白盒应用程序安全测试和发布管理。有些用户甚至请第三方安全厂商进行渗透测试（黑盒安全测试）,以获得更为翔实的安全信息,不过渗透测试通常费用昂贵,不是所有的提供商都同意进行这种测试。

其次要特别注意 SaaS 提供商提供的身份验证和可控制功能,通常情况下,这是用户管理信息风险的唯一安全控制措施。大多数服务都会提供基于 Web 的管理用户界面使最终用户可以分配读取和写入权限给其他用户。然而这个特权管理功能并不先进,细粒度询问可能会有弱点,也可能不符合组织的访问控制标准。用户应该尽量了解云特定可控机制,并采取必要步骤以保护云中的数据;应实施最小化特权访问管理,以消除威胁云应用安全的内部因素。

所有有安全需求的云应用都需要用户登录,有许多安全机制可以提高访问安全性,如通行证或智能卡,而最为常用的方法是可重用的用户名和密码。如果使用强度最小的密码(如需要的长度和字符集过短)和不做密码管理(密码过期),则很容导致密码失效,而这恰恰是攻击者获得信息的首选方法,从而使其容易猜到密码。因此,云服务提供商应能够提供高强度密码;定期修改密码,时间长度必须基于数据的敏感程度;不能使用旧密码等可选功能。

在目前的 SaaS 应用中,提供商将用户数据(结构化和非结构化数据)进行混合存储是普遍的做法,通过唯一的用户标识符在应用的逻辑执行层中可以实现用户数据在逻辑上的隔离,但是当云服务提供商的应用升级时,可能会造成这种隔离在应用层执行过程中变得脆弱。因此,用户应了解 SaaS 提供商使用的虚拟数据存储架构和预防机制,以保证多租户在一个虚拟环境中所需要的隔离。SaaS 提供商应在整个软件生命开发周期加强在软件安全性上的管理。

(3)PaaS 应用安全

PaaS 云提供给用户的能力是在云基础设施上部署用户创建或采购的应用,这些应用使用由服务商支持的编程语言或工具开发,用户并不管理或控制底层的云基础设施,如网络、服务器、操作系统或存储等,但是用户可以控制部署的应用以及应用主机的某个环境配置。PaaS 应用安全包含两个层次:PaaS 平台自身的安全和用户部署在 PaaS 平台上的应用的安全。

PaaS 应提供并负责包括运行引擎在内的平台软件及其他层的安全,用户只负责部署在 PaaS 上的应用的安全。PaaS 提供商必须采取可能的办法以缓解 SSL 攻击,避免应用暴露在默认攻击之下。用户必须确保自己有一个变更管理项目,以在应用提供商指导下进行正确的应用配置或打补丁,并及时确保 SSL 补丁和变更程序能够迅速发挥作用。

如果 PaaS 应用使用了第三方应用、组件或 Web 服务,那么第三方应用提供商则需要负责这些服务的安全。因此用户需要了解自己的应用到底依赖于哪个服务,在采用第三方应用、组件或 Web 服务时,用户应对第三方应用提供商进行风险评估。云服务提供商可能以平台的安全使用信息会被黑客利用为由而拒绝共享,但用户应尽可能地要求云服务提供商增加信息透明度,以利于风险评估和安全。

在多租户 PaaS 的服务模式中,最核心的安全原则就是多租户应用隔离。云用户应确保自己的数据只能被自己的企业用户和应用程序访问,必须要求 PaaS 服务商提供多租户应用隔离,要求提供商维护 PaaS 平台运行引擎的安全,在多租户模式下必须提供沙盒架构,集中维护用户部署在 PaaS 平台上的应用的保密性和完整性。云服务提供商负责监控新的程序缺陷和漏洞,以避免这些缺陷和漏洞被用来攻击 PaaS 平台和打破沙盒架构。云用户部署的应用安全需要 PaaS 应用开发商配合,开发人员需要熟悉平台的 API 及部署和管理执行的安全控制软件模块;必须熟悉平台特定的安全特性,这些特性被封装成了安全对象和 Web 服务,开发人员可以通过调用这些安全对象和 Web 服务实现在应用内配置认证和授权管理;必须熟悉应用的安全配置流程,更改应用的默认安装配置。

（4）IaaS 应用安全

IaaS 提供给用户的能力是云供应的处理、存储、网络以及其他基础性的计算资源,以供用户部署或运行自己的软件,如操作系统或应用。IaaS 云提供商将用户在虚拟机上部署的应用看作是一个黑盒子,它并不参与用户应用的管理和运维。而云用户虽不管理或控制底层的云基础设施,但是用户有对操作系统、存储和部署的应用的控制权限,用户应对云主机上的全部应用安全负责。

4. 虚拟化安全

基于虚拟化技术的云计算引入的风险主要有两个方面:一个是虚拟化软件的安全;另一个是使用虚拟化技术的虚拟服务器的安全。

（1）虚拟化软件的安全

虚拟化软件层直接部署于裸机之上,提供创建、运行和销毁虚拟服务的功能。实现虚拟化的方法不止一种,有操作系统级虚拟化、全虚拟化和半虚拟化。在 IaaS 云平台中,云主机的用户不必访问此软件层,它完全由云服务提供商管理。

由于虚拟化软件层是保证用户的虚拟机在多租户环境下相互隔离的重要层次,可以使用户在一台计算机上同时安全地运行多个操作系统,因此必须严格限制任何未经授权的用户访问虚拟化软件层。云服务提供商应建立必要的安全控制措施,限制 Hypervisor 和其他形式的对于虚拟化层次的物理和逻辑访问控制。

虚拟化软件层的完整性和可用性对于保证基于虚拟化技术构建的公有云的完整性和可用性是最重要和最关键的,必须选择无漏洞的虚拟机软件,一个有漏洞的虚拟化软件会将所有业务域暴露给恶意入侵者。

（2）虚拟服务器的安全

虚拟服务器位于虚拟化软件之上,对于物理服务器的安全原理与实践也可以被运用到虚拟服务器上,同时需要兼顾虚拟服务器的特点。下面从物理机的选择、虚拟服务器的安全和日常管理三个方面对虚拟服务器的安全进行阐述。

应选择具有 TPM 安全模块的物理服务器,TPM 安全模块可以在虚拟服务器启动时检测用户密码,如果发现密码及用户名的 Hash 序列不对,则不允许启动此虚拟服务器。如果可能,则应使用多核并支持虚拟技术的处理器,以保证 CPU 之间的物理隔离,从而避免许多安全问题。

构建虚拟服务器时,应为每台虚拟服务器分配一个独立的硬盘分区,以便将各虚拟服务器从逻辑上隔离开来。虚拟服务器系统还应安装基于主机的防火墙、杀毒软件、IPS(IDS)以及日志记录和恢复软件,以便将它们相互隔离,并与其他安全防范措施相结合,一起构成多层次防范体系。

每台虚拟服务器应通过 WLAN 和不同的 IP 网段进行逻辑隔离。需要相互通信的虚拟服务器之间的网络连接应当通过 VPN 的方式进行,以保护它们之间的网络传输的安全。

应实施相应的备份策略,每台虚拟服务器的配置文件、虚拟机文件及其中的重要数据都要进行备份。

在防火墙中,应尽量对每台虚拟服务器做相应的安全设置,进一步对它们进行保护和隔离。应将服务器的安全策略加入系统的安全策略中,并按物理服务器安全策略的方式对等。

从运维的角度来看,对于虚拟服务器系统,应当像对待一台物理服务器一样地对它进行系统安全加固,包括系统补丁、应用程序补丁、允许运行的服务、开放的端口等。同时应严格控制物理主机上运行的虚拟服务的数量,禁止在物理主机上运行其他网络服务。如果虚拟服务器需要与主机进行连接或共享文件,则应当使用 VPN 方式进行,以防止因某台虚拟服务器被攻破而影响物理主机。文件共享应当使用加密的网络文件系统方式进行。需要特别注意主机的安全防范工作,应消除影响主机稳定性和安全性的因素,以防止间谍软件、木马、病毒和黑客的攻击,因为一旦物理主机受到侵害,则所有在其中运行的虚拟服务器都将面临安全威胁,甚至导致虚拟服务器直接停止运行。

应对虚拟服务器的运行状态进行严密监控,实时监控各虚拟机中的系统日志和防火墙日志,以此发现存在的安全隐患。不需要运行的虚拟机应当立即关闭。

本章小结

本章首先介绍了大数据安全的定义及其面临的挑战,介绍了国内外基于大数据安全的法律法规和相关的标准化工作,还有已经指定的大数据安全策略,重点介绍了大数据安全保障技术和云安全技术。

通过本章的学习,读者应该对大数据安全保障技术和云安全技术有一定程度的了解。

实验 7

了解大数据安全保障技术

1. 实验目的

(1) 熟悉大数据安全的基本概念和主要内容。

(2) 通过网络搜索与浏览,了解主流的大数据科学专业网站,通过专业网站不断丰富大数据安全的最新知识,尝试通过专业网站的辅助与支持开展大数据安全技术的学习。

2. 工具/准备工作

(1) 在开始本实验之前,请认真阅读教材的相关内容。

(2) 准备一台带有浏览器且能够联网的计算机。

3. 实验内容与步骤

(1) 请结合教材查阅相关文献和资料,为"大数据安全"给出一个定义。

答：_____

_____

（2）请具体描述大数据安全框架的五类标准。

答：

① 基础类标准：_____

_____

② 平台和技术类标准：_____

_____

③ 数据安全类标准：_____

_____

④ 服务安全类标准：_____

_____

⑤ 行业应用类标准：_____

_____

（3）根据教材以及你学习到的内容，谈谈你对数字水印技术的认识。

_____

_____

_____

_____

_____

（4）根据教材以及你学习到的内容，谈谈你对云安全技术中的基于 IaaS、PaaS、SaaS 各层安全的认识。

_____

_____

_____

_____

_____

4. 实验总结

5. 实验评价（教师）

大数据机器学习

大数据存在复杂、高维、多变等特性,该如何从真实、凌乱、无模式和复杂的大数据中挖掘出人类感兴趣的知识? 这就牵涉到机器学习的问题了。

8.1 大数据机器学习概述

在计算机科学的众多领域中,人工智能(Artificial Intelligence,AI)无疑是最富有挑战性和创造性的领域。人工智能研究的是如何使机器具有认识问题和解决问题的能力,其研究要点是让机器变得更聪明、更具有人的智能,这就是机器学习,它是人工智能研究中的一个核心问题。人工智能与人的智能互相补充、互相促进,将开辟人机共存的人类文化。

8.1.1 人工智能概述

1. 人工智能的定义

人工智能是研究和开发用于模拟、延伸和扩展人的智能的理论、方法、技术及应用系统的一门新的技术科学,是计算机科学的一个分支,它试图了解智能的实质,并产生出一种新的能以与人类智能相似的方式做出反应的智能机器。该领域的研究内容包括机器学习、机器人、语言识别、图像识别、自然语言处理、专家系统、经济政治决策、控制系统和仿真系统等。

人工智能的定义可以分为两部分,即"人工"和"智能"。"人工系统"就是通常意义下的人工系统。"智能"涉及意识(Consciousness)、自我(Self)、思维(Mind)(包括无意识的思维等方面。

斯坦福大学人工智能研究中心的尼尔逊教授为人工智能下了这样一个定义：人工智能是关于知识的学科，即怎样表示知识以及怎样获得知识并使用知识的科学。而麻省理工学院的温斯顿教授认为：人工智能就是研究如何让计算机做过去只有人类才能做的智能工作。这些说法反映了人工智能学科的基本思想和基本内容，即人工智能是研究人类智能活动的规律，构造具有一定智能的人工系统，研究如何让计算机完成以往需要人的智力才能胜任的工作，即研究如何应用计算机的软硬件模拟人类的某些智能行为的基本理论、方法和技术。

2. 人工智能涉及的学科

人工智能是计算机学科的一个分支，它被认为是21世纪三大尖端技术（基因工程、纳米科学、人工智能）之一。近年来，人工智能获得了迅速的发展，在很多学科领域都获得了广泛应用，并取得了丰硕的成果。人工智能已逐步成为一个独立的分支，其无论是在理论还是实践上都已自成一个系统。

人工智能是研究让计算机模拟人的某些思维过程和智能行为（如学习、推理、思考、规划等）的学科，主要包括计算机实现智能的原理及制造类似于人脑智能的计算机，使计算机能实现更高层次的应用。人工智能涉及计算机科学、心理学、哲学和语言学等学科，可以说它几乎是自然科学和社会科学所有学科的总和，其范围已远远超出了计算机科学的范畴，人工智能与思维科学的关系是实践和理论的关系，人工智能处于思维科学的技术应用层次，是其一个应用分支。从思维观点上看，人工智能不仅限于逻辑思维，还要考虑形象思维、灵感思维，才能促进人工智能的突破性发展，数学常被认为是多种学科的基础科学，数学也进入了语言和思维领域，人工智能学科也必须借用数学工具，数学不仅可以在标准逻辑、模糊数学等范围内发挥作用，还将与人工智能互相促进而更快地发展。

例如Google的知识图谱技术可以在语境中的相关信息之间建立联系，还有Apple的Siri语音助手与Microsoft的有问必应。此外，一些大学也在这个领域有研究项目。

除了计算机科学以外，人工智能还涉及信息论、控制论、自动化、仿生学、生物学、心理学、数理逻辑、语言学、医学和哲学等多门学科。人工智能学科研究的主要内容包括知识表示、自动推理和搜索方法、机器学习和知识获取、知识处理系统、自然语言理解、计算机视觉、智能机器人、自动程序设计等。

人工智能的研究范畴包括语言的学习与处理、知识表现、智能搜索、推理、规划、机器学习、知识获取、组合调度问题、感知问题、模式识别、逻辑程序设计、软计算、不精确和不确定的管理、人工生命、神经网络、复杂系统、遗传算法人类思维方式等，其最关键的难题是机器的自主创造性思维能力的塑造与提升。

3. 人工智能的实现方式

人工智能在计算机上有两种不同的实现方式。

（1）工程学方法

采用传统的编程技术使系统呈现智能的效果，而不考虑所用方法是否与人或生物机体所用的方法相同，这种方法称为工程学方法（Engineering Approach），它已在一些领域内取得了成果，如文字识别、计算机下棋等。

（2）模拟法

模拟法（Modeling Approach）不仅要看效果，还要求实现方法和人类或生物机体所用的方法相同或相似。遗传算法（Genetic Algorithm，GA）和人工神经网络（Artificial Neural Network，ANN）均属这一类型。遗传算法可以模拟人类或生物的遗传-进化机制，人工神经网络则可以模拟人类或生物大脑中神经细胞的活动方式。

（3）两种实现方式的比较

为了得到相同的智能效果，这两种实现方式通常都可以使用。采用前一种方法需要人工详细规定程序逻辑，如果程序逻辑简单，则还是很方便的。如果程序逻辑复杂，则角色数量和活动空间会相应增加，相应的逻辑就会很复杂（呈指数式增长），人工编程就会非常烦琐，容易出错。而一旦出错，就必须修改源程序，重新编译、调试，最后为用户提供一个新的版本或补丁，非常麻烦。采用后一种方法时，编程者要为每一个角色设计一个智能系统（一个模块）以对其进行控制，这个智能系统（模块）一开始什么也不懂，就像初生的婴儿那样，但它能够学习，能渐渐地适应环境，以应付各种复杂情况。这种系统一开始常犯错误，但它能吸取教训，并在下一次运行时改正，至少不会永远错下去，不用发布新版本或打补丁。利用这种方法实现人工智能要求编程者具有生物学的思考方法，入门难度较大。但一旦入门，就可得到广泛应用。由于采用这种方法编程时无须对角色的活动规律做详细规定，因此可以应用于复杂问题，通常比前一种方法更省力。

8.1.2　机器学习概述

学习能力是智能行为的一个非常重要的特征。有三种关于学习的观点，它们各有侧重点。一种观点强调学习的外部行为效果，认为学习是系统所做的适应性变化，可以使系统在下一次完成同样或类似的任务时更为有效。第二种观点强调学习的内部过程，认为学习是构造或修改对于所经历的事物的表示。第三种观点主要从知识工程的实用性角度出发，认为学习是知识的获取。

1. 机器学习的定义

机器学习（Machine Learning，ML）是一门多领域交叉学科，涉及概率论、统计学、逼近论、凸分析、算法复杂度理论等多门学科，专门研究计算机怎样模拟或实现人类的学习行为以获取新的知识或技能，同时重新组织已有的知识结构并使之不断改善自身的性能。机器学习在人工智能的研究中具有十分重要的地位，是人工智能研究的核心之一，是使计算机具有智能的根本途径，其应用遍及人工智能的各个领域，主要使用归纳、综合，而不是演绎。

机器学习的研究是根据生理学、认知科学等对人类学习机理的了解建立人类学习过程的计算模型或认识模型,发展各种学习理论和学习方法,研究通用的学习算法并进行理论分析,建立面向任务的具有特定应用的学习系统。这些研究目标相互影响、相互促进。

机器学习的定义经历了一个发展的过程。例如,Langley(1996)的定义是:机器学习是一门人工智能的科学,该领域的主要研究对象是人工智能,特别是如何在经验学习中改善具体算法的性能。汤姆·米切尔(Tom Mitchell)的机器学习定义(1997)对信息论中的一些概念有详细的解释,其中提到"机器学习是对能通过经验自动改进的计算机算法的研究"。Alpaydin(2004)提出了自己的定义:机器学习是用数据或以往的经验优化计算机程序的性能标准。

顾名思义,机器学习是研究如何使用机器模拟人类学习活动的一门学科。稍为严格的定义是:机器学习是一门研究机器获取新知识和新技能,并识别现有知识的学科。这里所说的"机器"指计算机、电子计算机、中子计算机、光子计算机或神经计算机等。

机器能否像人类一样具有学习能力呢?机器的能力是否能超过人的能力?对于这两个问题,很多持否定意见的人的主要论据是:机器是人造的,其性能和动作完全是由设计者规定的,因此无论如何,其能力也不会超过设计者本人。但是,由 Google 旗下的 DeepMind 公司的戴密斯·哈萨比斯领衔的团队所开发的 AlphaGo、AlphaGo Zero 已经给了这些人一记响亮的耳光。

2. 机器学习进入新阶段的主要表现

机器学习进入新阶段的主要表现有以下 5 个方面。

① 机器学习已成为新的边缘学科并在高校形成一门课程,它综合应用心理学、生物学和神经生理学以及数学、自动化和计算机科学形成机器学习理论基础。

② 结合各种学习方法,取长补短地综合多种形式的集成学习系统研究正在兴起。特别是连接学习符号学习的耦合,它可以更好地解决连续性信号处理中知识与技能的获取与求精问题。

③ 机器学习与人工智能的各种基础问题的统一性观点正在形成。例如,学习与问题求解结合进行、知识表达便于学习的观点产生了通用智能系统(SOAR)的组块学习。类比学习与问题求解结合的基于案例的方法已成为经验学习的重要方向。

④ 各种学习方法的应用范围不断扩大,一部分已形成商品。归纳学习的知识获取工具已在诊断分类型专家系统中广泛使用。连接学习在图文识别中占据优势地位。分析学习已用于设计综合型专家系统。遗传算法与强化学习在工程控制中也有较好的应用前景。与符号系统耦合的神经网络连接学习将在企业的智能管理与智能机器人运动规划中发挥作用。

⑤ 与机器学习有关的学术活动空前活跃。国际上,除了每年一次的机器学习研讨会外,还有计算机学习理论会议以及遗传算法会议。

3. 机器学习领域的研究工作

学习是一项复杂的智能活动,学习过程与推理过程是紧密相连的,根据学习中使用推理的多少,机器学习所采用的策略大体上可以分为 4 种:机械学习、传授学习、类比学习和事例学习。学习中所用的推理越多,系统的能力就越强。

机器学习领域的研究工作主要围绕以下三个方面进行。

① 面向任务的研究:研究和分析改进一组预定任务的执行性能的学习系统。

② 认知模型:研究人类学习过程并进行计算机模拟。

③ 理论分析:从理论上探索各种可能的学习方法和独立于应用领域的算法。

机器学习是继专家系统之后人工智能应用的又一重要研究领域,也是人工智能和神经计算的核心研究课题之一。对机器学习的讨论和研究的进展必将促使人工智能和整个科学技术进一步发展。

8.2 机器学习类型

综合考虑各种学习方法出现的历史渊源、知识表示、推理策略、结果评估的相似性、研究人员交流的相对集中性以及应用领域等因素,机器学习有不同的分类方法。

8.2.1 基于学习策略的分类

学习策略是指学习过程中系统所采用的推理策略。一个学习系统总是由学习和环境两部分组成。由环境(如书本或教师)提供信息,学习部分则实现信息转换,人们利用能够理解的形式将信息记忆下来,并从中获取有用的信息。在学习过程中,学生(学习部分)使用的推理越少,学生对教师(环境)的依赖就越大,教师的负担也就越重。学习策略的分类标准就是根据学生实现信息转换所需的推理的多少和难易程度分类的,并根据从简单到复杂、从少到多的次序分为以下 6 种基本类型。

1. 机械学习(Rote Learning)

机械学习指学习者无须任何推理或其他的知识转换,直接吸取环境所提供的信息,例如塞缪尔的跳棋程序、纽厄尔和西蒙的 LT 系统。这类学习系统主要考虑的是如何索引存储的知识并加以利用。系统的学习方法是直接通过事先编好、构造好的程序进行学习,学习者不做任何工作,或者是通过直接接收既定的事实和数据的方式进行学习,对输入信息不做任何推理。

2. 示教学习(Learning From Instruction 或 Learning By Being Told)

学生从环境(教师或其他信息源,如教科书等)中获取信息,把知识转换成内部可以使用的表示形式,并将新知识和原有知识有机地结合为一体,要求学生有一定程度的推理能力,但环境仍要做大量的工作。教师以某种形式提出和组织知识,以使学生拥有的知识可以不断增加。这种学习方法和人类社会的学校教学方式相似,学习的任务是建立一个系统,使它能接受教导和建议,并有效地存储和应用学到的知识。不少专家系统在建立知识库时都使用这种方法实现知识获取。示教学习的一个典型应用是 FOO 程序。

3. 演绎学习（Learning By Deduction）

学生所用的推理形式为演绎推理。推理从公理出发，经过逻辑变换推导出结论。这种推理是保真变换和特化（specialization）的过程，使学生在推理过程中可以获取有用的知识。这种学习方法包含宏操作（Macro-operation）学习、知识编辑和组块（Chunking）技术。演绎推理的逆过程是归纳推理。

4. 类比学习（Learning By Analogy）

利用两个不同领域（源域、目标域）中的知识的相似性可以通过类比从源域的知识（包括相似的特征和其他性质）中推导出目标域的相应知识，从而实现学习。类比学习系统可以使一个已有的计算机应用系统适应于新的领域，以完成原先没有设计的相类似的功能。

类比学习比上述三种学习方式需要更多的推理，它一般要求先从知识源（源域）中检索出可用的知识，再将其转换成新的形式，最终用到新的状况（目标域）中。类比学习在人类科学技术发展史上起着重要作用，许多科学发现都是通过类比得到的。例如，著名的卢瑟福类比就是通过将原子结构（目标域）同太阳系（源域）进行类比，从而揭示了原子结构的奥秘。

5. 基于解释的学习（Explanation-Based Learning，EBL）

学生根据教师提供的目标概念、概念的一个例子、领域理论及可操作准则首先构造一个解释以说明为什么该例子满足目标概念，然后将解释推广为目标概念的一个满足可操作准则的充分条件。目前，EBL 已被广泛应用于知识库求精和改善系统的性能。

著名的 EBL 系统有迪乔恩（G.DeJong）的 GENESIS、米切尔（T.Mitchell）的 LEXII 和 LEAP，以及明顿（S.Minton）等的 PRODIGY。

6. 归纳学习（Learning From Induction）

归纳学习是指由教师或环境提供某个概念的一些实例或反例，让学生通过归纳推理得出该概念的一般描述。这种学习的推理工作量远多于示教学习和演绎学习，这是因为环境并不提供一般性概念描述（如公理）。从某种程度上说，归纳学习的推理量也比类比学习大，因为没有一个类似的概念可以作为源概念使用。归纳学习是最基本和发展较为成熟的学习方法，在人工智能领域中已经得到广泛的研究和应用。

8.2.2 基于获取知识的表示形式分类

学习系统获取的知识可能有行为规则、物理对象的描述、问题求解策略、各种分类及其他用于任务实现的知识类型。

学习中获取的知识主要有以下表示形式。

① 代数表达式参数：学习的目标是调节一个具有固定函数形式的代数表达式参数或系数，以获得理想的性能。

② 决策树：决策树可以划分物体的类属，树中的每一个内部节点对应一个物体属性，

而每一条边对应于这些属性的可选值,树的叶节点则对应于物体的每个基本分类。

③ 形式文法:在识别一个特定语言的学习中,通过对该语言的一系列表达式进行归纳形成该语言的形式文法。

④ 产生式规则:产生式规则表示为条件-动作对,已被广泛使用。学习系统中的学习行为主要是生成、泛化、特化或合成产生式规则。

⑤ 形式逻辑表达式:形式逻辑表达式的基本成分是命题、谓词、变量、约束变量范围的语句及嵌入的逻辑表达式。

⑥ 图和网络:有的系统采用图匹配和图转换的方式比较和索引知识。

⑦ 框架和模式:每个框架包含一组槽,用于描述事物(概念和个体)的各个方面。

⑧ 计算机程序和其他过程编码:获取这种形式的知识的目的在于取得一种能实现特定过程的能力,而不是为了推断该过程的内部结构。

⑨ 神经网络:主要用于连接学习。学习所获取的知识,最后将其归纳为一个神经网络。

⑩ 多种表示形式的组合:有时,从一个学习系统中获取的知识需要综合应用上述几种知识表示形式。

根据表示的精细程度,可以将知识表示形式分为泛化程度高的粗粒度符号表示和泛化程度低的精粒度亚符号(sub-symbolic)表示。决策树、形式文法、产生式规则、形式逻辑表达式、框架和模式等属于符号表示类;代数表达式参数、图和网络、神经网络等属于亚符号表示类。

8.2.3　按应用领域分类

机器学习主要的应用领域有专家系统、认知模拟、规划和问题求解、数据挖掘、网络信息服务、图像识别、故障诊断、自然语言理解、机器人和博弈等。

从机器学习的执行部分所反映的任务类型上看,大部分的应用研究领域基本集中于两个范畴:分类和问题求解。

1. 分类

分类任务要求系统依据已知的分类知识对输入的未知模式(该模式的描述)进行分析,以确定输入模式的类属。相应的学习目标是学习用于分类的准则(如分类规则)。

2. 问题求解

问题求解任务要求为给定的目标状态寻找一个将当前状态转换为目标状态的动作序列;机器学习在这一领域的研究工作大部分集中于通过学习获取能提高问题求解效率的知识(如搜索控制知识、启发式知识等)。

8.2.4　按学习形式分类

机器学习按学习形式分类,包括以下两种。

1. 监督学习

监督学习(Supervised Learning)即在机械学习过程中提供正误指示,一般是在数据组中包含最终结果(0,1),并通过算法让机器自动减少误差。这类学习主要用于预测和分类(Regression & Classify)。监督学习从给定的训练数据集中学习一个函数,当新的数据到来时,监督学习可以根据这个函数预测结果。监督学习的训练集要求包括输入和输出(特征和目标)。训练集中的目标是由人标注的,常见的监督学习算法有回归分析和统计分类。

2. 非监督学习

非监督学习(Unsupervised Learning)又称归纳性学习(Clustering),它利用 K 方式(K-means)建立中心(Centriole),通过循环和递减运算(Iteration&Descent)减小误差,以达到分类的目的。

8.3 大数据机器学习算法

机器学习算法在学术界和产业界都有巨大的实用价值,由于大数据具有大量和复杂的特性,对于大数据环境下的应用问题,很多传统的机器学习算法已经不再适用。因此,研究大数据环境下的机器学习算法成为了学术界和产业界共同关注的问题。

本节主要介绍当前比较主流的大数据机器学习算法。

8.3.1 大数据分治策略与抽样

1. 分治策略

分治策略是一种处理大数据问题的计算范例,尤其是在分布式和并行计算方式下,分治策略尤为重要。分治策略的思想是将原问题分解为几个规模较小但与原问题类似的子问题,然后递归地求解这些子问题,最后合并这些子问题的解以建立原问题的解。

分治策略在每层递归时的三个步骤如下。

① 将原问题分解为若干子问题,这些子问题是原问题的规模较小的实例。

② 递归地求解各子问题,如果子问题的规模足够小,则直接求解。

③ 合并这些子问题的解以成为原问题的解。

一般而言,数据中不同样本对学习结果的重要程度是不同的,数据样本中存在一定程度的噪音,降低了存储效率和学习算法的运行效率,同时影响学习精度,更需要依据一定的性能标准(如保持样本的分布、拓扑结构及分类精度等)选择有代表性的样本以形成原样本空间子集,然后在该子集上构造学习方法以完成学习任务。重复这样的步骤,最后当新加入一个测试实例时,使用压缩最近邻(Condensed Nearest Neighbor,CNN)、约减最近邻(Reduced Nearest Neighbor,RNN)、编辑最近邻(Edited Nearest Neighbor,ENN)等方法进行邻近样本匹配,从而得到分类结果,这样能在不降低甚至提高某些方面的性能的基础上最大限度地降低时空耗费。

2. 样本抽取

在大数据环境下,样本选取的需求更迫切。大数据的生成与采集在人为的设计框架下可能存在系统性偏差。例如,在社交网络数据中,人群的上网行为习惯、计算机知识、经济地位等都是影响数据生成的因素,大数据与真实总体之间可能存在差距。其次,大数据存在混杂性,数据误差普遍存在于大型数据库和网络中,在捕捉趋势信息时,如果进行全数据处理,则大量的误差会影响分析结果的有效性。抽样虽然受条件、时间、资源、成本等诸多因素限制,但在设计合理的情况下,大数据领域抽样仍然具有价值,可以与大数据起到相互验证的作用。

加州大学伯克利分校的 Jordan 博士提出一些关于大数据的统计推理方法,当用分支算法处理统计推理问题时,需要从庞大的数据集中获取置信空间。统计学中的 Bootstrap 方法是一种有放回的抽样方法,它是非参数统计中的一种重要的估计统计量方差进而进行区间估计的统计方法,主要用于解决复杂统计量的置信区间的估计问题,其通过重新采样数据获取评估值的波动,进而获取置信区间。Bootstrap 方法在样本小时效果很好,可以通过方差的估计构造置信区间等,其运用范围得到了进一步延伸。然而这对大数据却是不可行的,数据的不完全抽样会导致错误范围的波动,必须进行更正并提供已校准的统计推理,因此 Jordan 博士开发了 Bag of Little Bootstarps(BLB)程序以解决子采样的波动性问题,该程序能够给出较稳定的估计量以及估计量的区间估计,这是其他方法不具备的特点。BLB 的算法思路很清晰,简单来说为 Subsampling＋Bootstrap＋Average,即先进行无放回地抽样,然后进行 Bootstrap 抽样,获取参数 bootstrap 的估计量及其置信区间、偏移、预测误差等,最后对这些估计量求平均即可。BLB 不仅继承了 Bootstrap 的理论性质,并且有许多计算上的优势,只要有多机可并行环境,便可以很容易地实施该方法。

分治策略是一种启发式策略,在实际应用中有较好的效果,但当视图描述分治算法的同级性能时,新的理论问题就会出现。基于此,Jordan 博士提出了基于随机矩阵的浓度定理的理论支持,它基于 Stein 方法解决大规模的矩阵填充问题,解决了大规模矩阵的计算问题。随机矩阵理论是对复杂网络进行统计分析的重要数学工具之一,它通过对复杂系统的能谱和本征进行统计分析,以得到复杂系统的本征,并从随机数据中分析数据关联性,以表征数据的波动特性,还能将数据调整映射到物理系统中。随机矩阵理论能够分析高维度的大样本数据。

综上所述,数据分治与并行处理策略是大数据处理的基本策略,但目前的分治与并行处理策略较少利用大数据的分布知识,且影响大数据处理的均衡性与计算效率。如何学习大数据的分布知识以用于优化负载均衡是一个亟待解决的问题。

8.3.2　大数据特征选择

数据挖掘、文档分类和多媒体索引等新兴领域所面临的数据对象往往是大数据集,大数据集会导致处理算法的执行效率低下,因此需要进行一定的特征选择以减少运算负担,通过属性选择可以剔除无关属性,增加分析任务的有效性,从而提高模型精度,减少运行时间。

特征选择是一种降维技术,特征选择的过程被定义为检测相关特性和丢弃不相关和冗余特性而获取的目标特性的一个子集,可以准确地描述一个给定的最低性能退化的问题。通常来说,应从两个方面考虑选择特征:一个是特征是否发散,如果一个特征不发散,如方差接近于 0,则样本在该特征上无差异,这个特征对于样本的区分没有意义;另一个是考虑特征与目标的相关性,应当优先选择与目标相关性高的特征。

特征选择会首先从特征全集中产生一个特征子集,然后利用评价函数对该特征子集进行评价,评价的结果会与停止准则进行比较,若满足停止准则就停止,否则继续产生下一组特征子集并继续进行选择。一般还要验证选择出来的特征子集的有效性,所以特征选择过程一般包括特征子集产生过程、评价函数、停止准则、验证过程 4 部分。其中,评价函数是评价一个特征子集好坏程度的一个准则,评价函数的设计在不同的应用场景下不尽相同。

常见的特征选择方法可以大致分为三类:过滤式(Filter)、包裹式(Wrapper)、嵌入式(Embedding),如图 8-1 所示。

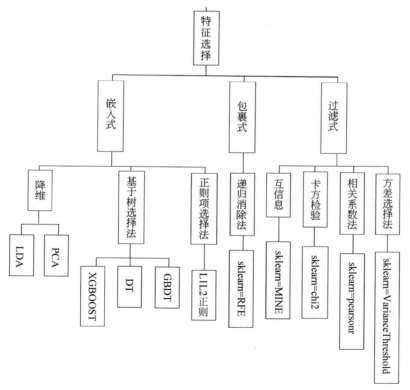

图 8-1 特征选择方法分类

1. 过滤式

过滤式方法首先对数据集进行特征选择,然后训练学习机,特征选择过程与后续的学习机无关,即先对特征进行过滤,然后用过滤后的特征训练模型。Relief(Relevant Features)是一种著名的过滤式特征选择方法,该方法设计了一个相关统计量以度量特征的重要性,具体做法是为每个训练样本 X_i 找到和它处于同一个分类的最近邻样本 X_j,以及和它不处于同一个分类的最近邻样本 X_k。如果 $\mathrm{diff}(X_i,X_j)t$ 表示 X_i 和 X_j 在属性 t 上的差值,那么相关统计量计算的就是 $\mathrm{diff}(X_i,X_k)$ 的平方与 $\mathrm{diff}(X_i,X_j)$ 的平方的差值在所有样本上的平均值。很直观地,一个重要的属性应该使样本在这个属性上与自己是同一分类的样本尽可能接近,而与不同分类的样本尽可能远离。所以相关统计量在一个属性上的值越大,则说明该属性的分类性能越强。过滤式方法选择的处理逻辑如图 8-2 所示。

图 8-2　过滤式方法选择的处理逻辑

2. 包裹式

包裹式方法直接把最终将要使用的学习机的性能作为特征子集的评价标准,并根据学习机选择最有利于性能、"量身打造"的特征子集。一般而言,由于包裹式方法直接针对给定学习机进行优化,因此从最终的学习性能来看,包裹式方法比过滤式方法更好。但另一方面,由于在特征选择过程中需要多次训练学习机,因此包裹式方法的计算开销一般比过滤式方法大得多。LVW(LasVegas Wrapper)是一个典型的包裹式特征选择方法,它在拉斯维加斯算法(LasVegas Method)框架下使用随机策略进行子集搜索,并以最终分类器的误差作为特征子集的评价准则,其具体做法(简化)如下。

① 设置初始最优误差 E 为无穷大,目前最优特征子集为属性全集 A,重复次数 $t=0$。

② 随机产生一组特征子集 A',计算使用该特征子集时分类器的误差 E'。

③ 如果 E' 比 E 小,则令 $A'=A$,$E'=E$,并重复第 2 步和第 3 步;否则 $t++$,当 t 大于或等于停止控制参数 T 时跳出循环。

LVW 算法简单明了,但是由于其使用随机子集进行筛选,并且每次筛选都要重新计算学习器误差,因此若 A 和 T 很大,则 LVW 算法可能会长时间达不到停止条件,即若有运行时间限制,则可能会得不到解。包裹式方法选择的处理逻辑如图 8-3 所示。

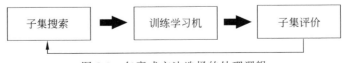

图 8-3　包裹式方法选择的处理逻辑

3. 嵌入式

不同于前两种特征选择方法是将特征的选择过程和学习机的训练过程分开,嵌入式方法将特征选择过程与学习机训练过程融为一体,两者在同一个优化过程中完成,即在学习机训练过程中自动进行特征选择。例如决策树在分枝的过程中就使用了嵌入式特征选择方法,其内在还是根据某个度量指标对特征进行排序的。嵌入式方法选择的处理逻辑如图 8-4 所示。

训练学习机

图 8-4 嵌入式方法选择的处理逻辑

张量(如多维数组)表示法提供了一种大数据的自然表示,因此张量分解成为一种重要的汇总和分析工具。Kolda 提出了一种内存使用高效的 Tucker 分解方法(Memory-Efficient Tucker Decomposition,METD),用于解决传统的张量分解算法无法解决的时间和空间利用问题。METD 在分解的过程中基于可用内存自适应地选择正确的执行策略,该算法在利用可用内存的前提下可以最大化计算速度。METD 不会处理在计算过程中产生的大量零星中间结果,而是自适应地选择操作顺序,不仅消除了中间溢出问题,而且在不减少精确度的前提下节省了内存。除此之外,特征选择方法还有正则化核估计(Regularized Kernel Estimation,RKE)和鲁棒流形展开(Robust Manifold Unfolding,RMU),这些方法使用训练集中对象之间相异的信息而得到一个非负的低阶正定矩阵,用于将对象嵌入一个低维欧几里得空间,其坐标可作为各种学习模式中的属性。

Gheyas 提出的模拟退火和遗传算法(Simulated Annealing and Genetic Algorithm,SAGA)的混合算法用于解决选择最优化特征自己的 NP 时间问题,该算法能得到更好的最优化特征子集,并能降低时间复杂度。

常见的三种主流降维方法还包括 SVD、RP 和 PCA。其中,PCA(主成分分析法)的操作步骤为:求协方差矩阵,对协方差矩阵进行 SVD 或特征值分解,得到最大的 k 个特征值和对应的特征向量,特征值和对应特征向量的组合即为降维结果,利用方差贡献率可以得到线性组合,能够解释原有矩阵的百分比,结合最通用的轨迹聚类算法可以在计算时间和本地流程模型的适合程度上提高算法性能。

综上所述,由于大数据存在复杂、高维、多变等特性,如何采用降维和特征选择技术降低大数据处理难度模式是大数据特征选择技术迫切需要解决的问题。

8.3.3 大数据分类

有监督学习(分类)面临的一个挑战是如何处理大数据。随着数据分析研究的不断深入,人们开发出了多种多样的分类算法,用来不断降低大数据分类的难度,通常都是以数据分类器为基准进行相应的数据分类。

1. 支持向量机分类

支持向量机(Support Vector Machine,SVM)是一种分类算法,它通过寻求结构化风险最小提高学习机的泛化能力,以实现经验风险和置信范围的最小化,从而达到在统计样本量较少的情况下也能获得良好的统计规律的目的。通俗地讲,SVM是一种二类分类模型,其基本模型定义为特征空间上间隔最大的线性分类器,即支持向量机的学习策略便是间隔最大化的,最终可转换为一个凸二次规划问题的求解。

传统的支持向量机会首先选择一个核函数(Kernel Function),然后通过利用核函数定义的映射将输入空间映射到一个特征空间,并在这个特征空间中求最优分类超平面,即最大间隔超平面。SVM分类函数在形式上类似于一个神经网络,其输出是中间节点的线性组合,每个中间节点对应一个支持向量,具体原理如下。

在n维空间中找到一个分类超平面,将空间上的点进行分类,一般而言,一个点距离超平面的距离可以表示为分类预测的确信或准确程度,SVM就是要最大化这个间隔值,而在虚线上的点称为支持向量(Support Vector)。图8-5所示是线性分类的例子。

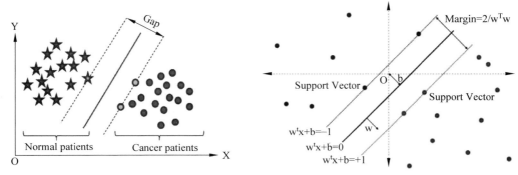

图 8-5 SVM算法的线性分类

现实情况中,基于线性分类的情况并不具有代表性,更多情况下样本数据的分布是杂乱无章的。常用的做法是把样例特征映射到高维空间中,如图8-6所示。从二维空间扩展到多维,可以使用某种非线性的方法让空间从原本的线性空间转换为另一个维度更高的空间,在这个高维的线性空间中,再用一个超平面对样本进行划分。在这种情况下,相当于增加了

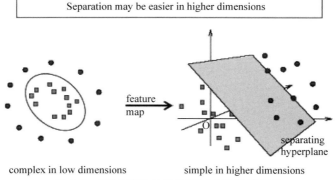

图 8-6 SVM算法的线性不可分映射到高维

不同样本之间的区分度和区分条件。在这个过程中,核函数发挥了至关重要的作用,核函数的作用就是在保证不增加算法复杂度的情况下将完全不可分问题转换到可分或近似可分的状态。

线性不可分映射到高维空间可能导致产生很高的维度,在特殊情况下可能达到无穷多维,这种情况会导致计算复杂,同时产生惊人的计算量。但是在 SVM 中,核函数的存在使得运算仍然是在低维空间进行的,避免了在高维空间中进行复杂运算的时间消耗。

SVM 的另一个巧妙之处是其加入了一个松弛变量以处理样本数据可能存在的噪音问题,SVM 允许数据点在一定程度上对超平面有所偏离,这个偏移量就是 SVM 算法中可以设置的 outlier 值,松弛变量的加入使得 SVM 并非仅追求局部效果最优,而是从样本数据分布的全局出发统筹考量。

Lau 等人为 SVM 提出了一种在线学习算法,用于处理按顺序逐渐提供输入数据的分类问题。该算法的速度更快,所用的支持向量数量更少,并具有更优的泛化能力。Laskov 等人提出了一种快速、数值稳定和鲁棒的增量支持向量机学习方法。Huang 等人提出了一种大边缘分类器 M^4,该模型能局部和全局地学习判定边界。SVM 和最小最大概率机 (Minimax Probability Machine,MPM)与该模型具有密切联系,该模型具有重要的理论意义,M^4 的最优化问题可在多项式时间内解决。

2. 决策树分类

决策树分类算法(Decision Tree)是一种逼近离散函数值的方法,它是一种典型的分类方法,它首先对数据进行处理,利用归纳算法生成可读的规则和决策树,然后使用决策对新数据进行分析。本质上,决策树是通过一系列规则对数据进行分类的过程。

决策树分类算法通过构造决策树发现数据中蕴涵的分类规则,如何构造精度高、规模小的决策树是决策树分类算法的核心内容。决策树的构造可以分两步进行。第一步,决策树的生成,即由训练样本数据集生成决策树的过程。一般情况下,训练样本数据集是根据实际需要有历史的、有一定综合程度的用于数据分析处理的数据集。第二步,决策树的剪枝,即对上一阶段生成的决策树进行检验、校正和修改的过程,主要是用新的样本数据集(称为测试数据集)中的数据校验在决策树生成过程中产生的初步规则,将那些影响准确性的分枝剪除。决策树学习的算法通常是一个递归地选择最优特征,并根据该特征对训练数据进行分割,使得各个子数据集有最优的分类的过程,包含特征选择、决策树的生成和决策树的剪枝过程。

由于决策树分类算法的规则决定了在数据分类过程中要对数据进行多次重复扫描和排序,特别是在构造树的时候,这不仅会影响数据分析的速度,也浪费了更多的系统资源。所以传统的 C4.5 和 CART 算法都存在这个严重的问题,于是人们开始研发出了一些衍生方法。例如,SLIQ 算法和 SPRINT 算法都是由 C4.5 算法改良而来的,并在其基础上做了一些技术性的完善。

(1) SLIQ(Supervised Learning In Quest)算法

SLIQ 算法对 C4.5 算法的实现方法进行了改进,它在决策树的构造过程中采用了预排序和广度优先策略两种技术。

- 预排序

当连续属性在每个内部节点寻找其最优分裂标准时,需要对训练集按照该属性的取值进行排序,而排序是很浪费时间的操作。为此,SLIQ 算法采用了预排序技术。所谓预排序,就是指针对每个属性的取值把所有记录按照从小到大的顺序进行排序,以消除在决策树的每个节点上对数据集进行的排序。具体实现时,需要为训练数据集的每个属性创建一个属性列表,为每个类别属性创建一个类别列表。

- 广度优先策略

在 C4.5 算法中,决策树的构造是按照深度优先策略完成的,需要对每个属性列表在每个节点处都进行一次扫描,费时很多。为此,SLIQ 算法采用广度优先策略构造决策树,即在决策树的每一层只需要对每个属性列表扫描一次,就可以为当前决策树中的每个叶子节点找到最优分裂标准。

SLIQ 算法利用三种数据结构构造决策树,分别是属性表、类表和类直方图。

SLIQ 算法在建树阶段对连续属性采取预先排序与广度优先相结合的策略生成决策树,对离散属性采取快速求子集算法以确定划分条件,具体步骤如下。

① 建立类表和各个属性表,并进行预先排序,即对每个连续属性的属性表进行独立的排序,以避免在每个节点上都要重新排序连续属性值。

② 如果每个叶子节点中的样本都能归为一类,则算法停止;否则转到下一步。

③ 利用属性表计算 gini 值,选择最小 gini 值的属性和分割点作为最佳划分节点。

④ 根据第 3 步得到的最佳划分节点,将判断为真的样本划分为左孩子节点,否则将其划分为右孩子节点,这样就构成了广度优先的生成树策略。

⑤ 更新类表中的第二项,使之指向样本划分后所在的叶子节点。

⑥ 跳转到第 2 步。

这使得 SLIQ 算法能够记录数据处理的个数,并具有相当优秀的可扩展性,为处理大数据提供了基础条件。但是 SLIQ 算法也存在一些缺陷,由于其源于 C4.5 算法,因此在进行数据处理时,仍需要将数据集保留在内存中,这就导致 SLIQ 算法的可处理数据集的大小依然会受到限制,即数据记录的长度一旦超过了排序的预定长度,则 SLIQ 算法就很难完成数据处理和排序的工作。

(2) SPRINT(Scalable Parallelizable Induction of Classification Tree)算法

SPRINT 算法是一种可扩展、可并行的归纳决策树,它完全不受内存限制,运行速度快且允许多个处理器协同创建一个决策树模型。SPRINT 算法是为了解决 SLIQ 算法中数据集大小受内存限制的问题而开发出来的。SPRINT 算法重新定义了决策树算法的数据分析结构,改变了传统算法将数据集停留在内存中的做法。SPRINT 算法定义了两种数据结构,分别是属性表与直方图。属性表由一个三元组＜属性值、类别属性、样本号＞组成,它随节点的扩张而划分,并归附于相应的子节点。值得一提的是,SPRINT 算法没有向 SLIQ 算法那样将数据列表存储在内存当中,而是将其融合到了每个数据集的属性列表中,这样既避免了数据查询时因重复扫描而造成的速度缓慢,又释放了内存的压力。特别是在进行大数据挖掘时,由于数据体量的过大,在每个数据集的属性列表内寻找所需数据能够大幅节省分析的时间,对数据进行分类的工作也会变得更加便捷。

SPRINT 算法采取传统的深度优先生成树策略,具体步骤如下。

① 生成根节点,并为所有属性建立属性表,同时预先排序连续属性的属性表。

② 如果节点中的样本都能归为一类,则算法停止;否则转到第 3 步。

③ 利用属性表寻找拥有最小 gini 值的划分作为最佳划分方案,算法依次扫描该节点上的每张属性表。

④ 根据划分方案生成该节点的两个子节点。

⑤ 划分该节点上的各属性表。

⑥ 跳转到第 2 步。

SPRINT 算法的优点是在寻找每个节点的最优分裂标准时更简单,其缺点是对非分裂属性的属性列表进行分裂会变得很困难。解决的办法是对分裂属性进行分裂时采用 Hash 表记录每个记录属于哪个孩子节点,若内存能够容纳整个 Hash 表,则其他属性列表的分裂只须参照该 Hash 表即可。由于 Hash 表的大小与训练集的大小呈正比,因此当训练集很大时,Hash 表可能无法在内存中容纳,此时分裂只能分批执行,这使得 SPRINT 算法的可伸缩性仍然不是很好。

此外,Franco-Arcega 等人提出了另一种从大规模数据中构造决策树的方法,以解决当前算法中的一些限制条件,可利用所有训练集数据而不须将它们都保存在内存中。该方法比目前的决策树算法在大规模问题上的计算速度更快。Yang 等人提出了一种增量优化的快速决策树算法(Incrementally Optimized Very Fast Decision Tree,IOVFDT),用于处理带有噪音的大数据,与传统的挖掘大数据的决策树算法相比,该算法的主要优势是其实时挖掘能力强,这使得当移动数据流是无限时,它能存储完整的数据以用于再训练决策模型。此算法的优点在于当数据流有噪音时能阻止生成决策树大小的爆炸性增长及预测精度的恶化,该算法即使是在含有噪音的数据中也能生成紧凑的决策树,并有较高的预测精度。Ben-Haim 等人提出了一种构建决策树分类器的算法,该算法在分布式环境中运行,适用于大数据集和流数据,与串行决策树相比,该方法在精度误差近似的前提下可以提高计算效率。

3. 神经网络与极端学习机

传统的前馈神经网络(Feed-forward Neural Networks)一般采用梯度下降算法调整权值参数,学习速度慢、泛化性能差等问题是制约前馈神经网络应用的瓶颈,为解决此问题,研究者开发了一些新的算法。

极端学习机(Extreme Learning Machine,ELM)是由南洋理工学院黄广斌教授提出的求解神经网络的算法。ELM 的最大特点是对于传统的神经网络,尤其是单隐层前馈神经网络(SLFNs),ELM 比传统的学习算法速度更快。该算法随机赋值单隐层神经网络的输入权值和偏差项,并通过一步计算即可求出网络的输出权值。相比于传统的前馈神经网络的训练算法需要经多次迭代调整才能最终确定网络权值,ELM 的训练速度有较显著的提升。ELM 的原理如图 8-7 所示。

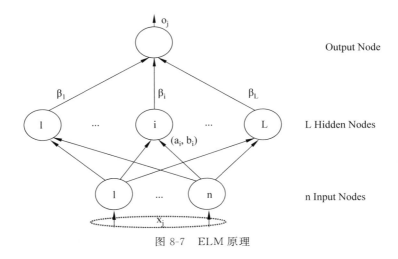

图 8-7　ELM 原理

对于一个单隐层神经网络(结构如图 8-7 所示),假设有 N 个任意的样本 (X_j, t_j),其中

$$X_j = [X_{j1}, X_{j2}, \cdots, X_{jn}]^T \in R^n, \quad t_j = [t_{j1}, t_{j2}, \cdots, t_{jm}]^T \in R^m$$

对于一个有 L 个隐层节点的单隐层神经网络,可以表示为

$$\sum_{i=1}^{L} \beta_i g(W_i \cdot X_j + b_i) = o_j, \quad j = 1, 2, \cdots, N$$

其中,$g(x)$ 为激活函数,$W_i = [w_{i1}, w_{i2}, \cdots, w_{in}]^T$ 是第 i 个隐层单元的输入权重,b_i 是第 i 个隐层单元的偏置,$\beta_i = [\beta_{i1}, \beta_{i2}, \cdots, \beta_{im}]^T$ 是第 i 个隐层单元的输出权重。$W_i \cdot X_j$ 表示 W_i 和 X_j 的内积。在 ELM 算法中,一旦输入权重 W_i 和隐层的偏置 b_i 被随机确定,隐层的输出矩阵 H 就会被唯一确定。

然而,由于计算能力和复杂性的限制,在大数据集上训练出单一 ELM 是一件困难的事情。解决这一困难通常有两种途径:①训练基于分治策略的 ELM;②在训练单一 ELM 中引入并行机制,单一 ELM 有着很强的函数逼近能力,能否将这种逼近能力延伸到基于分治策略的 ELM 是衡量 ELM 是否适用于大数据学习的一个关键指标。

4. 应用领域的分类算法

除此之外,在一些应用领域中也有针对大数据的分类算法被提出。在计算机辅助诊断领域,机器学习广泛应用于帮助医学专家从已诊断的案例中获取先验知识,但大量的已诊断样本很难 获取。有研究者提出了一种半监督的学习算法,即基于随机森林的协同训练(Co-training Based on Random Forest,Co-Forest),用来保证各分类器之间的差异性。随机森林是一个若干分类决策树的组合,它采用 Bagging 方差产生各异的训练集,同时使用分类回归树作为元分类器。随机森林中单棵子树的生长过程可以概括为：首先可放回地从原标记数据集合中随机选取 n 个示例（采用 Bagging 算法获得）作为此单棵树的训练集并生成一棵分树，然后随机地选择一组特征对内部节点进行属性分裂。该方法可以在基准数据集上得到较好的结果。

针对大规模图像数据集的分类性能问题，有研究者提出了需要在特征提取和分类器训练方面提高效率。对于特征提取，可以利用 Hadoop 架构在几百个 Mapper 上进行并行计算。对于训练 SVM，并行平均随机梯度下降算法（Parallel Averaging Stochastic Gradient Descent，PASGD）可以处理具有 120 万个图像、1000 类图像的数据，并具有较快的收敛速度。

另外，中文网页的标记数据稀缺，英文网页的标记数据较丰富，有研究者用英文网页标记信息解决跨语言分类问题，提出了基于信息瓶颈（Information Bottleneck）的方法。该方法首先将中文翻译成英文，然后将所有网页通过一个只允许有限信息通过的信息瓶颈进行编码。该方法可使跨语言分类更准确，较显著地提高一些已有的监督与半监督分类器的准确率。

综上所述，传统机器学习的分类方法很难直接运用到大数据环境下，不同的分类算法都面临着大数据环境的挑战，针对不同的分类算法，如何研究并行或改进策略成为了大数据环境下分类学习算法研究的主要方向。

8.3.4 大数据聚类

聚类学习是最早被用于模式识别及数据挖掘任务的方法之一，并且被用来研究各种应用中的大数据库，因此用于大数据的聚类算法受到了越来越多的关注。在工业中，有时数据量大、数据难以快速分类，所以可采用聚类的方式将相似的样本暂时归为一类或作为相似样本进行分析，聚类依据的是特征的距离。

数据聚类（Cluster Analysis）是指根据数据的内在性质将数据分成一些聚合类，每一聚合类中的元素应尽可能具有相同的特性，不同聚合类之间的特性差别应尽可能大。

聚类分析的目的是分析数据是否属于各个独立的分组，使一组中的成员彼此相似，同时与其他组中的成员不同。聚类分析对一个数据对象的集合进行分析，但与分类分析不同的是，它所划分的类是未知的，因此聚类分析也称无指导或无监督的学习（Unsupervised Study）。聚类分析的一般方法是将数据对象分组为多个类或簇（Cluster），同一簇中的对象之间具有较高的相似度，而不同簇中的对象则差异较大。由于聚类分析的上述特征，在许多应用中，在对数据集进行聚类分析后可将一个簇中的各数据对象作为一个整体对待。数据聚类是对静态数据进行分析的一门技术，在许多领域受到了广泛应用，包括机器学习、数据挖掘、模式识别、图像分析以及生物信息。

经过持续了半个多世纪的深入研究，聚类技术已经成为常用的数据分析技术之一，其各种算法的提出、发展、演化也使得聚类算法家族"家大口阔，人丁兴旺"。下面针对目前数据分析和数据挖掘业界主流的认知对聚类算法进行介绍。

大数据聚类的主要技术有以下几种。

1. 划分法(Partitioning Methods)

给定具有 n 个对象的数据集,采用划分法对数据集做 k 个划分,每个划分(每个组)代表一个簇(k≤n),并且每个簇至少包含一个对象,而且每个对象一般只能属于一个组。对于给定的 k 值,划分法一般要做一个初始划分,然后采用迭代重新定位技术,通过让对象在不同组之间移动而改进划分的准确性和精度。一个好的划分原则是:同一个簇中的对象之间的相似性很高(或距离很近),而不同簇中的对象之间的相异度很高(或距离很远)。使用这个基本思想的算法有 K-Means 算法、K-Medoids 算法、CLARANS 算法等。

(1) K-Means 算法

• K-Means 算法定义

K-Means 算法又称 K 均值算法,基于 MapReduce 算法,在 speedup、sizeup、scaleup 这 3 个指标上具有较好的并行性能,是目前使用最广泛的聚类算法。

• K-Means 算法具体步骤

K-Means 算法首先随机选择 k 个对象,每个对象代表一个聚类的中心。对于其余的每一个对象都根据该对象与各聚类中心之间的距离把它分配到与之最相似的聚类中,然后计算每个聚类的新中心。重复上述过程,直到准则函数汇聚。通常采用的准则函数是平方误差准则函数。

K-Means 聚类算法的具体步骤如下。

① 从数据集中选择 k 个质心 $C_1, C_2, \cdots, C_k$ 作为初始的聚类中心。

② 把每个对象分配到与之最相似的聚合中。每个聚合用其中所有对象的均值代表,最相似就是指距离最小。对于每个点 V_i,找出一个质心 C_j,使它们之间的距离 $d(V_i, C_j)$ 最小,并把 V_i 分配到第 j 组。

③ 把所有点都分配到相应的组之后,重新计算每个组的质心 C。

④ 循环执行第 2 步和第 3 步,直到数据的划分不再发生变化。

• K-Means 算法的优缺点

优点:能对大型数据集进行高效分类,其计算复杂性为 O(tKmn),其中,t 为迭代次数,K 为聚类数,m 为特征属性数,n 为待分类的对象数,通常 K、m、t≤n。在对大型数据集进行聚类时,K-Means 算法比层次聚类算法快得多。

缺点:通常会在获得一个局部最优值时终止;仅适合对数值型数据进行聚类;只适用于聚类结果为凸形(即类簇为凸形)的数据集。

• K-Means 算法的工作原理

由以上分析可以看出,K-Means 算法的工作原理为:N 为所有数据集的个数,K 为最后的组的个数,选取 K 个中心点,然后将剩下的 N−K 个数据集根据语法规则找到其对应的中心点,最后根据每个组内所拥有的数据集的数据重新确定中心点,并重复该动作,直到中心点的位置不再变动。

• 将 K-Means 算法并行化的途径

将 K-Means 算法并行化有两种途径：一是对已有的串行算法进行改进，挖掘其中的并行性质并加以利用，使得串行程序并行化。在计算数据集中的数据对象到中心点的距离时，就有其固有的并行性。二是重新审视问题的本质，设计全新的并行算法。第一种途径相对容易一些，但是并行粒度较小，通信量较大。DK-Means 就属于这种方式。第二种途径需要全新设计，但如果成功，则会得到粗粒度并行算法，适合于在分布式并行机上应用，DK-Means 和现在通用的分布式 K-Means 方式就是基于这种方式的。

下面对其分别进行介绍。

DK-Means。这种方式是最先出现的方式，也是最原始的方式，它没有主站站点的分站点的概念，其全部站点在地位上是平等的，并且其划分后的类簇个数和处理的机器数也是相等的。DK-Means 的基本原理是各个机器在本地进行局部的聚类运算并将生成的中心点信息广播给其他节点，并接收其他节点发出的中心点信息，然后各个节点计算自己所拥有的数据对象到各个节点的中心的距离，从而确定每个对象所属的类簇，最后将属于自己的类簇留下，将不属于自己的类簇发送给相应的节点，反复迭代直到收敛。如此，每个处理机实际上就代表了一个类簇。这种做法存在各个站点之间的大量的数据传递，对于大数据量来说，传输的消耗很大，且各个节点之间的隐私无法保证。所以 DK-Means 对其进行了改良。

DK-Means。首先假设有 P 台机器和 n 个数据集，随机选取一台机器 S 作为中心节点，并随机选取 K 个数据作为初始的全局类簇中心。S 将这 K 个中心点的数据发送给剩下的 p－1 台机器（从站点）。每个分节点接收到 K 的信息并计算本地的数据到 K 个中心点的距离，同时划分为 K 个类簇，然后计算各个新生成的类簇的中心点。各个处理机将得到的新的中心点的数据返回给中心节点 S。S 根据汇总的信息计算全局的类簇中心。此过程可反复迭代直到收敛，具体过程如图 8-8 所示。

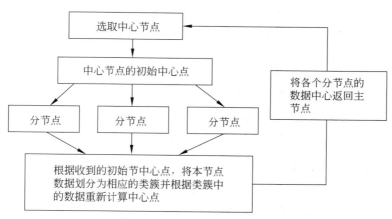

图 8-8　DK-Means 的处理流程

这种方式引入了总分的概念，数据只在主机和各个分机上传递，各个分机之间不传递数据。但是由于初始的全局中心点是随机产生的,因此如果初始中心点为离散点或者噪音点,那么聚类的准确性则无法保证。

（2）K-Medoids 算法

· K-Medoids 算法定义

K-Medoids 算法又称 K 中心点算法,它是基于 K-Means 聚类算法的改进,该算法用最接近簇中心的一个对象表示划分的每个簇,它使用绝对差值和（Sum of Absolute Differences,SAD）的度量衡量聚类结果的优劣。

· K-Medoids 算法具体步骤

K-Medoids 算法的处理过程为:首先随机选择 k 个对象作为初始的 k 个簇的代表点,将其余对象按与代表点的距离分配到最近的簇;然后反复用非代表点代替代表点,以改进聚类质量（用一个代价函数估计聚类质量,即该函数度量对象与代表点对象之间的平均相异度）。目标函数仍然可以采用平方误差准则。

具体的算法流程如下。

① 在总体 n 个样本点中任意选取 k 个点作为 medoids。

② 按照与 medoids 最近的原则将剩余的 n−k 个点分配到当前最佳的 medoids 代表的类中。

③ 对于第 i 个类中除对应 medoids 点外的所有其他点,按顺序计算当其为新的 medoids 时准则函数的值,遍历所有可能,选取准则函数最小时对应的点作为新的 medoids。

④ 重复第 2 步和第 3 步,直到所有 medoids 点不再发生变化或已达到设定的最大迭代次数。

⑤ 产出最终确定的 k 个类。

K-Medoids 算法与 K-Means 算法的划分过程相似,两者最大的区别是 K-Medoids 算法是用簇中最靠近中心点的一个真实的数据对象代表该簇的,而 K-Medoids 算法是用计算出来的簇中对象的平均值代表该簇的,这个平均值是虚拟的,并没有一个真实的数据对象具有这些平均值。

· K-Medoids 算法的优缺点

K-Medoids 算法的优点是它对属性类型没有局限性,而且鲁棒性强,其通过簇内主要点的位置确定选择中心点,对孤立点和噪音数据的敏感性小。其不足之处是处理时间要比 K-Means 更长;用户需要事先指定所需聚类簇的个数 k。

2. 层次法（Hierarchical Methods）

在给定 n 个对象的数据集后,可以用层次法对数据集进行层次分解,直到满足某种收敛条件为止。按照层次分解形式的不同,层次法又分为凝聚层次聚类和分裂层次聚类。

（1）凝聚层次聚类

凝聚层次聚类又称自底向上法,它一开始将每个对象作为单独的一类,然后相继合并与其相近的对象或类,直到所有小的类别合并成一个类,即层次的最上面或者达到收敛,即终止条件为止。

（2）分裂层次聚类

分裂层次聚类又称自顶向下法,它一开始将所有对象置于一个簇中,在迭代的每一步中,类会被分裂成更小的类,直到最终每个对象在一个单独的类中或者满足收敛,即终止条件为止。

层次聚类方法可以是基于距离或基于密度或连通性的。层次聚类方法的一些扩展也考虑了子空间聚类。层次聚类方法的最大缺陷在于合并或者分裂点的选择比较困难,对于局部来说,好的合并或者分裂点的选择往往并不能保证得到高质量的全局聚类结果,而且一旦一个步骤（合并或分裂）完成,它就不能被撤销了。层次聚类方法的代表算法有 BIRCH 算法、CURE 算法、CHAMELEON 算法等。

3. 基于密度的聚类

传统的聚类算法都是基于对象之间的距离,即以距离作为相似性的描述指标进行聚类划分的,但是这些基于距离的方法只能发现球状类型的数据,而对于非球状类型的数据,只根据距离对其进行描述和判断是不够的。鉴于此,人们提出了一个密度的概念——基于密度的方法（Density-Based Methods）,其原理是:只要邻近区域内的密度（对象的数量）超过了某个阈值,就继续聚类。换言之,给定某个簇中的每个数据点（数据对象）,在一定范围内必须包含一定数量的其他对象。该算法从数据对象的分布密度出发,把密度足够大的区域连接在一起,因此可以发现任意形状的类。该算法还可以过滤噪音数据（异常值）。

基于密度的方法的典型算法包括 DBSCAN（Density-Based Spatial Clustering of Application with Noise)以及其扩展算法 OPICS(Ordering Points to Identify the Clustering Structure）。

DBSCAN 算法是一个比较有代表性的基于密度的聚类算法。与划分和层次聚类方法不同,它将簇定义为密度相连的点的最大集合,能够把具有足够高的密度的区域划分为簇,并可在含有噪音的空间数据库中发现任意形状的聚类。

DBSCAN 算法关注的概念分别是给定对象半径为 E 内的 E 邻域;核心对象;对象 q 从对象 p 直接密度可达;对象 q 从对象 p 密度可达;表示对象 p 和对象 q 密度关系的密度相连。密度可达是直接密度可达的传递闭包,并且这种关系是非对称的。密度相连是对称关系。DBSCAN 算法的目的是找到密度相连对象的最大集合。

DBSCAN 算法的描述如下。

输入:包含 n 个对象的数据库,半径为 e,最少数目为 MinPts。

输出:所有生成的簇,达到密度要求。

① 检测数据库中尚未检查过的对象 p,如果 p 未被处理（归为某个簇或者标记为噪音）,则检查其邻域,若包含的对象数不小于 minPts,则建立新簇 C,将其中的所有点加入候选集 N。

② 对候选集 N 中所有尚未被处理的对象 q 检查其邻域,若至少包含 minPts 个对象,则

将这些对象加入 N；如果 q 未归入任何一个簇，则将 q 加入 C。

③ 重复第 2 步，继续检查 N 中未处理的对象，当前候选集 N 为空。

④ 重复第 1 步至第 3 步，直到所有对象都归入了某个簇或被标记为噪音。

DBSCAN 算法会根据一个密度阈值控制簇的增长，将具有足够高密度的区域划分为类，并可在含有噪音的空间数据库中发现任意形状的聚类。尽管此算法优势明显，但是其最大的缺点就是该算法需要用户确定输入参数，而且该算法对参数十分敏感。

4. 基于网格的方法

基于网格的方法（Grid-Based Methods）将对象空间划分成为有限数目的单元（cell），而这些单元则形成了网格结构，所有的聚类操作都是在这个网格结构中进行的，以单个单元为对象。该算法的优点是处理速度快，其处理时间常常独立于数据对象的数目，只与量化空间中每一维的单元数目有关。

（1）统计信息网格方法算法简介

基于网格的方法的典型算法是统计信息网格方法（Statistical Information Grid，STING）算法。该算法是一种基于网格的多分辨率聚类技术，它将空间区域划分为不同分辨率级别的矩形单元，并形成一个层次结构，且高层的低分辨率单元会被划分为多个低一层次的具有较高分辨率的单元。关于每个网格单元属性的统计信息（如平均值、最大值和最小值）会被预先计算和存储。这些统计变量可以方便后续描述的查询、处理、使用。高层单元的统计变量可以很容易地通过对低层单元的变量进行计算得到，这些统计变量包括属性无关的变量 count；属性相关的变量 m（平均值）、s（标准偏差）、min（最小值）、max（最大值）以及该单元中属性值遵循的分布类型 distribution，例如正态的、均衡的、指数的或无（如果分布未知）。当数据被装载进数据库时，最底层单元的变量 count、m、s、min 和 max 会直接进行计算。如果分布的类型事先已知，则 distribution 的值可以由用户指定，也可以通过假设检验获得。一个高层单元的分布类型可以基于其对应的低层单元的多数分布类型用一个阈值过滤过程计算。如果低层单元的分布彼此不同，阈值检验失败，则高层单元的分布类型会被置为 none。

统计变量的使用可以以自顶向下的基于网格的方法。首先在层次结构中选择一层作为查询处理的起始点。通常，该层包含少量的单元。对当前层次的每个单元计算置信度区间（或者估算其概率），用来反映该单元与给定查询的关联程度。不相关的单元就不再考虑。低一层的处理只检查剩余的相关单元。这个处理过程会反复进行，直到达到最底层。此时，如果查询要求被满足，则返回相关单元的区域，否则检索和进一步处理落在相关单元中的数据，直到它们满足查询要求。

（2）STING 算法的优点

与其他聚类算法相比，STING 算法具有以下几个优点。

① 由于存储在每个单元中的统计信息描述了单元中数据与查询无关的概要信息，所以基于网格的计算是独立于查询的。

② 网格结构有利于并行处理和增量更新。

③ 该方法的效率很高,STING 算法扫描数据库一次以计算单元的统计信息,因此产生聚类的时间复杂度是 O(n),n 是对象的数目。

在层次结构建立后,查询处理时间是 O(g),这里的 g 是最底层网格单元的数目,通常远远小于 n。由于 STING 算法采用了多分辨率的方法进行聚类分析,因此 STING 算法聚类的质量取决于网格结构最底层的粒度。如果粒度比较细,则处理的代价会显著增加;但是如果网格结构最底层的粒度太粗,则会降低聚类分析的质量。而且,STING 算法在构建一个父亲节点时没有考虑孩子节点和其相邻节点之间的关系,因此结果簇的形状是等线体,即所有的聚类边界或者是水平的,或者是竖直的,没有斜的分界线。尽管该技术有很快的处理速度,但它可能会降低簇的质量和精确性。

另外,典型的算法还有 CLIQUE 算法、WAVE-CLUSTER 算法等。

随着信息技术的迅猛发展,聚类所面临的不仅仅是数据量越来越大的问题,更重要的是数据的高维问题。由于数据来源的丰富多样,图、文、声、像都成为了聚类处理的目标对象,这些特殊对象的属性信息往往要从数百上千个方面表现,其每个属性都成为了数据对象的一个维度,因此对高维数据的聚类分析已成为众多领域的研究方向之一。高维数据的聚类方法包括基于降维的聚类、子空间聚类、基于图的聚类等。在很多需要处理高维数据的应用领域,降维是常用的方法之一。降维就是通过把数据点映射到更低维度的空间上以寻求数据的紧凑表示的一种技术,这种低维空间的紧凑表示有利于对数据做进一步处理,降维从一般意义上代表着数据信息的损失。

综上所述,经典的聚类算法在大数据环境下面临数据量大、数据体积过大、复杂度高等众多挑战,如何并行或改进现有聚类算法,进而提出新的聚类算法成为了研究的关键。

8.3.5 大数据关联分析

关联分析又称关联挖掘,是指在交易数据、关系数据或其他信息载体中查找存在于项目集合或对象集合之间的频繁模式、关联、相关性或因果结构。或者说,关联分析用来发现交易数据库中不同商品(项)之间的联系。关联分析可以从大量数据中发现项集之间有趣的关联和相关联系。关联分析的一个典型例子是购物篮分析,该过程通过发现顾客放入其购物篮中的不同商品之间的联系分析顾客的购买习惯。通过了解哪些商品频繁地被顾客同时购买可以帮助零售商制定营销策略。关联分析其他应用还包括价目表设计、商品促销、商品的摆放和基于购买模式的顾客划分。

1. Apriori 算法的定义

关联分析的研究源自于 Apriori 算法,Apriori 算法是挖掘产生布尔关联规则所需的频繁项集的基本算法,也是著名的关联规则挖掘算法之一。Apriori 算法就是根据有关频繁项集特性的先验知识而命名的,它使用一种被称为逐层搜索的迭代方法,k-项集用于探索(k+1)-项集,首先找出频繁 1-项集的集合,记作 L_1,L_1 用于找出频繁 2-项集的集合 L_2,再用于

找出 L_3,如此下去,直到不能找到频繁 k-项集。寻找每个 L_k 都需要扫描一次数据库。

2. Apriori 算法的步骤

为提高按层次搜索并产生相应频繁项集的处理效率,Apriori 算法利用 Apriori 性质帮助有效缩小频繁项集的搜索空间,算法步骤如下。

① 算法初始通过单遍扫描数据集确定每个项的支持度。一旦完成这一步,就得到了所有频繁 1-项集的集合 F_1。

② 使用上一次迭代发现的频繁(k−1)-项集产生新的候选 k-项集。

③ 为了对候选项集的支持度进行计数,Apriori 算法需要再次扫描一遍数据库,使用子集函数确定包含在每一个事物 t 中的 C_k 中的所有候选 k-项集。

④ 计算候选项集的支持度计数后,Apriori 算法将删除支持度计数小于 minsup 的所有候选项集。

⑤ 当没有新的频繁项集产生时,算法结束。

Apriori 算法是逐层算法,它使用产生-测试策略发现频繁项集。

3. Apriori 算法的缺点

从上面的算法过程中可以看出 Apriori 算法的缺点如下。

① 在每一步产生候选项目集时循环产生的组合过多,没有排除不应该参与的元素。

② 每次计算项集的支持度时都会对数据集中的全部记录进行一遍扫描比较,在大数据环境下,这种扫描比较会大幅增加系统的 I/O 开销,而且这种代价是随着数据记录的增加而呈几何级增长的。

4. Apriori 算法的优化

针对 Apriori 算法的不足,人们开始对其进行优化。

(1)基于划分的方法

该算法首先把数据库从逻辑上分成几个互不相交的块,每次单独考虑一个分块并对它生成所有的频繁项集,然后把生成的频繁项集合并,用来生成所有可能的频繁项集,最后计算这些项集的支持度。这里分块的大小选择要使得每个分块可以被放入主存,每个分块在每个阶段只须被扫描一次。而算法的正确性是由每一个可能的频繁项集至少在某一个分块中是频繁项集而保证的。

上面所讨论的算法是可以高度并行的,可以把每一分块分别分配给某一个处理器以生成频繁项集。产生频繁项集的每一个循环结束后,处理器之间会进行通信以产生全局的候选项集。通常,这里的通信过程是算法执行时间的主要瓶颈。而另一方面,每个独立的处理器生成频繁项集的时间也是一个瓶颈。其他方法还有在多处理器之间共享一个杂凑树以产生频繁项集,等等。

(2)基于 Hash 的方法

有研究者提出了一个高效地产生频繁项集的基于杂凑(Hash)的算法,该算法将每个项集通过相应的 Hash 函数映射到 Hash 表的不同桶中,然后通过将桶中的项集计数与最小支持计数相比较而先淘汰一部分项集。

（3）基于采样的方法

基于前一遍扫描得到的信息进行详细的组合分析可以得到一个改进的算法,其基本思想是：首先使用从数据库中抽取出来的采样得到一些在整个数据库中可能成立的规则,然后通过数据库的剩余部分验证这个结果。该算法相当简单且显著减少了 FO 代价,但是其一个很大的缺点就是产生的结果不精确,即存在数据扭曲(data skew)。由于分布在同一页面上的数据时常是高度相关的,因此其不能表示整个数据库中的模式分布,由此而导致的结果是采样 5% 的交易数据所花费的代价与扫描一遍数据库相近。

（4）事务压缩（压缩进一步迭代的事务数）

事务压缩指减少用于未来扫描的事务集的大小,其基本原理是当一个事务不包含长度为 k 的大项集时,其必然不包含长度为 k+1 的大项集,从而可以将这些事务删除,在下一遍扫描中就可以减少扫描的事务集的个数。

5. 其他类 Apriori 算法

基于 Apriori 性质出现了一系列的类 Apriori 算法,如 AprioriAll、AprioriSome、DynamicSome、广义序列模式(Generalized Sequential Pattern,GSP)及基于等价类的序列模式发现（Sequential Pattern Discovery Using Equivalence Classes,SPADE）。

解决大数据的关联分析主要有两种途径：并行和增量。

（1）并行

在并行方面,研究者提出了一种基于 MapReduce 的并行 Apriori 算法。Apriori 算法最主要的操作是产生候选项集,该算法将产生候选项集的过程并行化,以提高运行效率,并具有良好的加速比和伸缩性。

（2）增量

增量主要体现在序列模式挖掘上。有研究者提出基于广义序列模式和基于 GSP 的频繁序列挖掘算法(Mining Frequent Sequences,MFS)的增量挖掘算法 GSP＋和 MFS＋。而基于 SPADE 的增量序列挖掘算法（Incremental Sequence Mining,ISM）不仅可以在数据库更新时维持频繁序列,还提供了一个用户交互接口,以方便用户修改约束,如最小支持度等。ISM 只考虑序列追加,而增量频繁序列挖掘算法（Incremental Frequent Sequences Mining,IFSM）还考虑插入新序列的情况。然而,IFSM 只考虑对频繁序列的后缀的扩充,于是又有了增量更新序列算法(Incrementally Updating Sequences,IUS),它可以对旧的频繁序列的前缀和后缀都进行扩充。以上增量算法都可以提高算法效果。

8.3.6 大数据并行计算

并行计算(Parallel Computing)是指在具有并行处理能力的计算节点上将一个计算任务分解成多个并行子任务,并分配给不同的处理器,各个处理器之间相互协同,并行地执行子任务,从而达到加快计算速度或提升计算规模的目的。

把传统的机器学习算法运用到大数据环境中的典型策略是对现有的学习算法进行并行化,通过并行架构的图形处理器提升计算机的运行能力。例如,图形处理器(Graphic Processing Unit,GPU)平台通过并行化可以得到较显著的性能提升。这些 GPU 平台由于采用并行架构,使用并行编程方法,可以使计算能力呈几何级增长。

MapReduce 框架已经被证明是提升 GPU 运行性能的重要工具。有研究者提出了一种非平凡的策略,用来并行处理一系列数据挖掘与机器学习问题,包括一类分类 SVM 和两类分类 SVM、非负最小二乘问题、L1 正则化回归(lasso)问题。由此得到的乘法算法可以直接在如 MapReduce 和通用并行计算架构(Compute Unified Device Architecture,CUDA)的并行计算环境中实现。很多研究者对当前一些基于 MapReduce 的数据挖掘算法进行了归纳总结,以便于进行大数据的分析,研究如何在 MapReduce 框架下设计高效的 MapReduce 算法。在大数据分类和聚类学习中,MapReduce 框架被用于并行化传统的机器学习算法,以适应大数据处理的需求。还有研究者提出了一种大数据挖掘技术,即利用 MapReduce 实现并行的基于粗糙集的知识获取算法,还提出了下一步的研究方向,即基于并行技术的粗糙集算法处理非结构化数据。

加拿大西蒙弗雷泽大学的 Hefeeda 教授等人提出了一种近似算法,使基于核的机器学习算法可以有效地处理大规模数据集。当前的基于核的机器学习算法由于需要计算核矩阵而面临可伸缩性问题,这是因为计算核矩阵需要 $O(n^2)$ 的时间和空间复杂度。该算法在计算核矩阵时不仅大幅降低了计算和内存开销,而且没有明显影响结果的精确度。此外,通过折中结果的一些精度可以控制近似水平,它独立于随后使用的数据挖掘算法且可以被它们使用。由于传统的提升算法本身具有串行特点,不易获得良好的扩展性,因此需要提出并行的提升算法以高效处理大规模数据。还有学者提出了两种并行提升算法,即 ADABOOST.PL 和 LOGITBOOST.PL,它们可以使多个计算节点同时参与计算,并且可以构造出一个提升集成分类器。该方法通过利用 MapReduce 框架实现,通过合成数据和真实数据集上的实验表明,其在分类准确率、加速比和放大率等方面都取得了较好的结果。

针对在异构云中进行大数据分析服务的并行化问题,有研究者提出了最大覆盖装箱算法以决定系统中的多少节点、哪些节点应该应用于大数据分析的并行执行。该方法可对大数据进行分配,使得各个计算节点可以同步结束计算,并且使数据块的传输可以和上一个数据块的计算重叠,从而节省时间。

在分布式系统方面,中国科学院计算技术研究所智能信息处理重点实验室数据挖掘与机器学习组与中国移动合作,开发了分布式并行数据挖掘系统(Parallel Distributed Miner,PDMiner),这是我国最早的基于云计算平台的并行数据挖掘系统之一。该系统提供多种并行数据转换规则和并行数据挖掘算法,已用于中国移动通信企业的 TB 级实际数据的挖掘,达到商用软件的精度。有研究者提出了分布式系统广义线性聚合分布式引擎(Generalized Linear Aggregates Distributed Engine,GLADE),该引擎以大规模可伸缩数据为处理对象,通过用户自定义聚合(User Defined Aggregate,UDA)接口在输入数据上的有效运行进行数据分析。

综上所述,并行策略是传统的将机器学习算法运用于大数据的典型策略之一,并且在一定范围内取得了一些进展,能处理一定量级的大数据。如何研究高效的并行策略以高效处理大数据也是当今的研究热点之一。

大数据具有属性稀疏、超高维、高噪音、数据漂移、关系复杂等特点,导致传统的机器学习算法难以对其进行有效的处理和分析,因此需要在如下方面展开相应研究。

① 研究机器学习理论和方法,包括数据抽样和属性选择等大数据处理的基本技术,设计适合大数据特点的数据挖掘算法,从而实现超高维、高稀疏的大数据中的知识发现。

② 研究适合大数据分布式处理的数据挖掘算法编程模型和分布式并行化执行机制,支持数据挖掘算法迭代、递归、集成、归并等复杂算法编程。

③ 在 Hadoop、CUDA 等并行计算平台上设计和实现复杂度低、并行性高的分布式并行化机器学习与数据挖掘算法。

8.4 大数据机器学习的应用

机器学习的技术越来越成熟,它与大数据结合在一起为人们的世界带来了巨大的变化。对此,大数据专家伯纳德·马尔(Bernard Marr)总结了机器学习是如何在听、说、读、写、看五个方面重塑人们的世界的。

机器会看。由于计算机能够查看庞大的数据集,并使用机器学习算法将图像进行分类,因此在一组图像中识别特征并正确地将它们进行分类的算法很容易实现。

机器会读。Google 很早就证明了程序可以读取文本的价值,搜索引擎算法彻底改变了互联网搜索,并还在继续向前发展。

机器会听。近年来最大的一个创新可能现在就你的口袋里。Siri、Cortanan、Google Now 代表了机器在理解人类语言方面的巨大飞跃。如今,虚拟个人助理能够识别各种各样的命令,并且能够给出丰富的回答。Google 及其竞争对手目前正在专注于训练搜索算法以理解自然语音,语音搜索技术将会越来越成熟。

机器会说。大家都知道 Siri 可以讲笑话。新的机器学习算法越来越准确,这让实时翻译变成可能。机器翻译涉及听用户说话、理解用户的话、翻译这些话的过程。由于该方案基于机器学习,因此它会随着实践的深入变得越来越优秀。

机器会写。计算机可以很好地进行创作性写作。机器学习算法曾在 2015 年温网比赛中被用来将比赛的统计数据自动转换为新闻报道,这些内容看起来就像是专业的体育记者撰写的。

机器学习听、说、读、写、看的技能证明,计算机现在可以大胆地走进那些曾经被坚定地认为是专属于人类的领域。虽然这些技术仍然是不完美的,但机器学习本身也在不断地提高和完善自己,它们会越来越好。

8.4.1 机器学习在金融领域的应用

生活不可以脱离金融而独立存在,随着科技的发展,人们虽然变得越来越聪明,但金融仍是生活的基本必需品,因为每个人都需要钱吃饭、旅行和买东西。目前已经形成了一个人与机器协同合作的金融市场,而不法分子也通过越来越多的方法拖欠贷款、从其他账户偷钱、制造虚假信用评级等。今天,从审批贷款到资产管理再到风险评估,机器学习在金融生态系统的许多阶段都起着不可或缺的作用。

1. 金融业中的机器学习特色

与机器相比,人类大脑的容量对思维有一定的限制作用,人类最多只能同时处理 3～4 件事情,而机器的处理能力则是人类的几千倍。除了速度,机器在金融领域的其他方面也将比人类表现得更好。

(1) 可靠性

在处理财务问题时,建立个体信用评级系统是十分有必要的。银行、投资公司、股票市场每天都要进行多达数十亿美元的交易。因此,人们必须信任处理此事务的公司或个人。由于人性可能存在的偏见和自私,有些人往往会在金钱交易过程中进行诈骗。为了解决这类问题,嵌入了机器学习的机器系统在处理请求时可以做到零腐败。

(2) 速度

在股票市场进行股票交易是非常困难的。人们通常对历史数据、图表和公式进行大量的分析以预测股票的未来趋势,还有些人仅仅是随机购买。这些行为听起来就十分烦琐且耗时。机器学习算法能够对成千上万个数据集进行精确的深入分析,并可以在短时间内给出简洁准确的预测,有助于减轻人们在大数据整理和分析方面的负担。

(3) 安全

此前,勒索软件 WannaCry 攻击了世界各地的计算机,这表明计算机系统易受黑客和网络安全方面的威胁。机器学习则通过将数据分为三个以上的类别建立模型,以此预测欺诈或异常情况。而手工审查成本高、耗时长、误报率高,并不适用于金融业。

(4) 精度

人类不喜欢做重复单调的任务,这种重复劳动往往会产生许多错误,而机器则可以不限时地执行重复任务。机器学习算法会做数据分析的苦活,并在人类需要的情况下推荐新策略,还能够比人类更有效地检测到微妙或非直觉的模式,从而识别出欺诈交易。此外,无监督机器学习模型可以不间断地分析和处理新数据,然后自动更新自身模型以反映最新趋势。

2. 在信用评分中应用机器学习

即使银行极度谨慎并认真核实公司的信誉,但跨国公司拖欠银行债务的现象在金融领域依然很普遍。一些金融机构利用评分模型降低信贷评估、发放和监督信贷风险,基于经典统计理论的信用评分模型得到了广泛应用。然而,当涉及大量的数据输入时,这些模型的弹性表现较差。因此,经典统计分析中的一些假设就不能成立,这反过来又影响了预测的准确性。

根据客户的国籍、职业、薪酬、经验、行业、信用记录等信息确定客户的信用风险评分,甚至在向客户提供任何服务之前就进行此类评定,这对银行来说至关重要,这是银行在提供信贷或其他金融产品之前的一个关键绩效指标(KPI)。

如何引入一个可以立即为客户服务的中央集成的金融风险机制是目前面临的主要挑战。即使是现在,由于无法预测客户的风险评分,银行仍无法立即通过客户的贷款审批。机器学习则可以加快放贷过程,且能避免耗时而必要的尽调程序。回归算法可以确定客户的信用评分,这些算法使用统计过程估计变量之间的关系,在预测和预报方面得到了广泛的应用,其在机器学习领域的应用也得到了迅速的发展。这种方法的第一步是定义客户历史信用记录的可用性,然后选择目标人群,并确定基准以界定满意或不满意的表现,这部分数据将作为回归算法启动操作的基本数据集。下一步则是选择样本,选择标准如下。

① 确定公司系统中的可用变量。

② 定义利息期和样本大小。

③ 验证数据的一致性和完整性。

所选的零散信息也被称为人口统计学变量,包括性别、年龄、职业、公司、教育、婚姻状况等,一般推荐登记时长为 12～18 个月的客户样本,因为这段时间足以检查延迟付款和违约的情况,且能巩固优质客户的支付行为模型。

通过变量选择、变量属性分组以及创建虚拟变量可以进行初步分析。使用列联表计算与独立变量级别相关的相对风险指数(RR),最后计算各个单一变量级别的优质客户与劣质客户之比。比例越大,该变量对未来业绩的预测作用就越大。而 RR 通常介于 0～2,0 代表极劣,2 代表极优。但是,分析过程不会使用类别为中性(Neutral)的样本,因为其优劣程度相差不大。

模型的建立包括对多元统计技术的选择。之后确定要使用的软件、选择独立变量并检验技术假设,一旦数据减少到聚类级别,则可以使用判别分析、逻辑回归和神经网络,判别分析和逻辑回归采用不同的统计技术。除此之外,还要对所选软件进行有关实施与易用性分析的检查。

最后,为了评估性能的好坏,需要进行两个样本的 KS 检验,需要找出两个集群之间的差异,例如由各自的预测结果所界定的优劣付款人,确定每个预测中的优劣付款人分布之间的差异,而 KS 测试的值是该模块中差异最大的一个。由于模型得到的最终结果通常介于 0～1,因此当结果小于 0.5 时,客户会被定义为劣质付款人;反之则为优良付款人。

3. 机器学习的其他优点

（1）欺诈检测

使用机器学习进行欺诈检测时首先收集历史数据并将数据分割成三个不同的部分;然

后用训练集对机器学习模型进行训练,以预测欺诈概率;最后建立模型,预测数据集中的欺诈或异常情况。与传统检测相比,这种欺诈检测方法所用的时间更少。由于目前机器学习的应用量还很小,仍然处于成长期,因此它会在未来几年内得到进一步发展,从而检测出更复杂的欺诈行为。

(2) 股票市场预测

通过买卖股票而成为亿万富翁是常有的事,但是如果不了解股票的运作方式和当前趋势,要想击败市场则非常困难。随着机器学习的使用,股票预测变得相当简单。这些机器学习算法会利用公司的历史数据,如资产负债表、损益表等对它们进行分析,并找出关系到公司未来发展的有意义的迹象。此外,该算法还可以搜索有关该公司的新闻,并通过世界各地的消息源了解市场对该公司的看法。此外,利用自然语言处理技术,可以通过浏览新闻频道和社交媒体的视频库搜索更多有关该公司的数据。这项技术还在发展中,虽然它目前还不够准确,但可以肯定的是,在不久的将来,它将能够做出非常准确的股市预测。

(3) 财资部客户关系管理、现货交易

客户关系管理(CRM)在小额银行业务中占有十分突出的地位,但在银行内部的财资空间却没有什么作用。因为财资部有自己的产品群,如外汇、期权、定期交易(Swaps)、远期交易(Forwards)以及更为重要的现货交易(Spots)。线上交易需要结合这些产品的复杂程度、客户风险、市场与经济行为以及信用记录信息,这对银行来说几乎是一个遥远的梦想。

(4) 聊天机器人(私人财务助理)

聊天机器人可以担任财务顾问,成为个人的财务指南,跟踪开支,提供从财产投资到消费方面的建议。财务机器人还可以把复杂的金融术语转换成通俗易懂的语言,使其更易于理解。一家名为 Kasisto 的公司所开发的聊天机器人就能处理各种客户请求,如客户通知、转账、支票存款、查询、常见问题解答与搜索、内容分发渠道、客户支持、优惠提醒等,其通过长期记录用户的可扣除费用还能提供潜在节流账单。

机器学习是一项比较新的技术,鉴于数据敏感性、基础设施需求、业务模型灵活性等原因,机器学习的应用有其自身缺点,但它有助于解决很多问题,且优点大于缺点,因此受到了众多学者和行业专家的关注,可以肯定的是,该领域在未来必定会出现更多的创新应用。

对世界各国来说,金融都很重要,机器学习技术比人类操作更为安全,能保护金融系统免受威胁并改善其运营,是金融业的最佳选择,也有助于各国更快地实现发展和繁荣。

8.4.2　机器学习在生物信息学中的应用

生物信息学(Bioinformatics)是一门边缘学科,是分子生物学与计算机科学的交叉,是一门利用计算机收集、存储、检索、分析、整理分子生物学,特别是分子遗传学以及蛋白质结构功能等信息的科学。

从数据挖掘的角度来说,生物信息学要解决 3 个方面的问题:组织数据(存取和更新)、开发新的工具以分析这些数据、从这些数据中发现新知识。

由于自动化、高通量检测手段的不断涌现,分子生物学数据库的容量几乎呈指数级增长,因此在分析基因组序列、解释模型、检测数据库中的有用信息、预测和构建分子结构等研究领域,生物学家必须借助于新的工具。要想完成这些任务,就需要借助智能化、费时少和更准确的方法,利用计算机解决分子生物学的问题已经引起了生物信息学研究领域的浓厚兴趣。目前,在生物信息学领域广泛使用的机器学习已具备了这些特征。

机器学习用于生物信息学研究的基本任务是从现有的生物数据库中发现有意义的知识,并构建出有意义且可以理解的模式。机器学习在生物信息学研究中具有以下优势。

① 除实验资料外,生物学系统中的许多问题都无法给出令人满意的答案。人们可以通过输入和输出进行详细描述,但就是搞不清它们之间的关系(例如蛋白质的折叠机制)。机器学习则可以通过调整其内部结构而对特定的问题给出近似的解。

② 机器学习的另一个优势就是它们很容易适应新的环境。这一点对于分子生物学的研究极为重要,因为每天都有新资料形成,而且这些新资料可能会对原来的概念或得到的假设进行修正。因此,通过一种方法或技术获得新知识并形成新的假设,同时不断对其进行修正就显得尤其重要,这对于具有自适应特性的机器学习来说是很容易做到的。

③ 机器学习可以处理生物信息学中的绝大部分问题。机器学习包括逻辑编程、规则求解、有限元、功能系统和问题求解系统等方法,将这些方法单独使用或者联合使用完全可以应对生物信息学中可能遇到的各种挑战。

④ 事实上,机器学习最早的应用领域之一就是分子生物学。

通过生物信息学的计算处理,可以从众多分散的生物观察数据中获得对生命运行机制的详细和系统的理解。生物信息学也是未来生物(医药)研究开发所必需的工具。通过生物信息学对大量已有数据资料的分析处理所提供的理论指导和分析可以选择正确的研究方向;同样,只有选择正确的生物信息学分析方法和手段,才能正确地处理和评价新的观察数据,并得到准确的结论。

机器学习是一种自动的、具有人工智能的学习方法,广泛用于解决现实世界中的许多复杂问题。自从将机器学习引入生物领域,它就帮助加快了生物学机构预测、基因定位、基因组学、蛋白质组学等主要领域的研究过程,因此机器学习在生物信息学研究中得到了普遍应用和不断完善。通过机器学习技术解决生物信息学问题的有效性较高且费用相对较低,这使得未来生物信息学的研究将得益于机器学习方法的不断改进与完善;反之,生物信息学对工具的高要求也将促进机器学习方法的研究进展。

21 世纪是生命科学的时代,生物信息学为生命科学的发展提供了便利和强有力的技术支持,它不仅有重要的基础研究价值,还有光明的产业化前景,其研究成果不仅对相关学科的发展起到了推动作用,同时也将带来重大的社会效益和经济效益。

8.4.3 机器学习在电商文本大数据挖掘中的应用

电商平台中有海量的非结构化文本数据,如商品描述、用户评论、用户搜索词、用户咨询等。这些文本数据不仅反映了产品特性,也蕴含了用户的需求以及使用反馈。通过大数据深度挖掘可以精细化定位产品与服务的不足。下面介绍电商平台下机器学习在文本挖掘领域中的应用例子。

1. 用户评论分类

场景用户评论能反映出用户对商品、服务的关注点和不满意点。评论从情感分析上可以分为正面评论与负面评论。从细粒度上也可以将负面评论按照业务环节进行分类,以便于确定究竟哪个环节需要不断优化。

机器学习模型包括主题聚类、词向量挖掘技术。传统的机器学习分类模型在评论分类上的精度表现一般,但基于语义的角度进行分类则可以有效提高精度。即便如此,在语义类别描述的特征挖掘时,机器学习中的主题聚类、词向量挖掘技术也不可或缺。

2. 搜索词的需求识别

场景用户搜索行为是电商平台上用户购物的常用入口,是用户需求的强体现。将用户搜索词分别归纳到具体的品类需求就是对搜索词的需求分类。

机器学习模型基于用户点击模型和文本语义关联模型,在整个过程中应用到了回归预测、文本分类等。

3. 商品标签挖掘

电商平台通常需要为商品的功能或风格加上直观的标签,以便于用户查找。那么如何从海量的商品描述中挖掘标签并给商品打上合适的标签呢?

机器学习模型聚类与分类技术能大幅减少人工操作,它首先对商品描述文本进行预处理,然后进行标签主题聚类,找出标签主题的词分布概率并将其作为特征库,最后根据主题标签对应的词分布概率,利用机器学习分类模型预测商品所属的标签。

4. 商品咨询挖掘

场景商品咨询可以体现用户对商品的需求点,有利于需求与服务的精确定位。不论是咨询语料的特征词库挖掘,还是咨询短文本的意图识别,机器学习模型始终要以机器学习与自然语言处理技术为基础。

另外,深度学习作为机器学习中的热门分支,其不仅在图像和语音上有卓越的表现,在自然语言处理上也有应用亮点。下面以用户的负面评论分类为例浅析深度学习在自然语言处理上的应用。电商平台上,用户的负面评论是千千万万细微而散落的点,将这些点聚集成若干个团属于聚类问题。聚类处理后的点与团如何直观地展示出来,这就是一个数据可视化问题。

本章小结

本章首先介绍了人工智能和机器学习的概念,然后介绍了机器学习的几种类型,重点介绍了大数据机器学习的算法和技术,最后介绍了大数据机器学习在金融、生物信息学、电商文本大数据挖掘中的应用。

通过本章的学习,读者应该对机器学习有一定的了解,并能够充分理解机器学习的分类,掌握机器学习的各种算法和技术。

实验 8

了解大数据机器学习

1. 实验目的

(1)熟悉大数据机器学习的基本概念和主要内容。

(2)通过网络搜索与浏览,了解主流的大数据科学专业网站,通过专业网站不断丰富有关大数据机器学习的最新知识,并通过专业网站的辅助与支持开展大数据机器学习算法的学习。

2. 工具/准备工作

(1)在开始本实验之前,请认真阅读课程的相关内容。

(2)准备一台带有浏览器且能够联网的计算机。

3. 实验内容与步骤

(1)查阅相关文献资料,为"大数据机器学习"给出一个定义。

答:_____

_____

(2)请具体描述类比学习。

答:_____

_____

(3)根据本书以及你学习到的内容,谈谈你对大数据分类技术的认识。

_____

_____

_____

_____

_____

(4)根据本书以及你学习到的内容,谈谈你对大数据聚类算法的认识。

_____

_____

_____

4. 实验总结

5. 实验评价（教师）